"创意与思维创新"
数字媒体艺术专业新形态精品系列

微|课|版

U0740724

网页设计与制作

Dreamweaver CC+ HTML5+CSS3

姜勇◎编著

人民邮电出版社

北 京

图书在版编目（CIP）数据

网页设计与制作：Dreamweaver CC+HTML5+CSS3：微课版 / 姜勇编著. -- 北京：人民邮电出版社，2025.（"创意与思维创新"数字媒体艺术专业新形态精品系列）. -- ISBN 978-7-115-65990-3

Ⅰ．TP393.092.2

中国国家版本馆 CIP 数据核字第 2025HF9992 号

内 容 提 要

全书结构编排合理，所选案例贴合实际需求，易教易学。全书共 12 章，内容包括 Dreamweaver CC 基础入门、站点的创建与管理、HTML5 的基础知识、创建 HTML5 网页中的文本与图像、创建 HTML5 网页中的表格与表单、创建 HTML5 中的超链接、在 HTML5 网页中添加音频与视频、CSS3 基础、CSS3 中的属性设置、使用 CSS3 设置表格与表单样式、使用 CSS+Div 布局网页、综合案例——制作餐饮美食网站。

本书可作为各大院校数字媒体艺术、数字媒体技术、计算机科学与技术等相关专业的教材，也可作为社会各类网页设计培训的参考用书。

◆ 编　著　姜　勇

　　责任编辑　李　召

　　责任印制　胡　南

◆ 人民邮电出版社出版发行　　北京市丰台区成寿寺路 11 号

　　邮编　100164　　电子邮件　315@ptpress.com.cn

　　网址　https://www.ptpress.com.cn

　　临西县阅读时光印刷有限公司印刷

◆ 开本：787×1092　1/16

　　印张：13.5　　　　　　　　　2025 年 6 月第 1 版

　　字数：358 千字　　　　　　　2025 年 6 月河北第 1 次印刷

定价：79.80 元

读者服务热线：(010)81055256　印装质量热线：(010)81055316
反盗版热线：(010)81055315

前言 👍

本书是一本面向初学者和中级网页设计爱好者的教程，旨在通过实践案例教授如何使用Dreamweaver CC软件、HTML5和CSS3技术来创建、管理和美化网站。全书共分为12章，内容涵盖从基础概念到高级技巧等知识。

通过本书的学习，读者将全面了解Dreamweaver CC的基本操作和相关知识，掌握HTML5和CSS3的基础应用，能够独立完成简单的网页制作任务。无论是对于初学者还是有一定基础的从业者来说，本书都是学习和应用Dreamweaver CC的理想选择。

内容特色

本书的内容特色主要包括以下3个方面。

体系完整，讲解全面。本书从基础的网页概念入手，逐步深入讲解网页设计的高级技巧，全面覆盖网页设计软件的各项功能和操作技巧。

案例丰富，步骤详细。本书通过大量实际案例，详细拆解操作步骤，配合丰富的图示和视频教程，使读者能够直观地理解和掌握网页设计的方法。

学练结合，实用性强。本书不仅提供了丰富的案例分析，还设计了与章节内容紧密相关的练习案例，以增强读者的实践操作能力。

教学环节

本书的教学环节设计精心，包括"基础知识+课堂案例+软件实操+练习案例+综合案例"，旨在帮助读者全面掌握网页设计的技能。

- **基础知识：** 详细介绍网页设计的基本概念、网络术语、HTML5和CSS3的基础语法等，为读者打下坚实的基础。
- **课堂案例：** 结合行业实际需求，通过案例讲解相关知识点，提高读者的学习兴趣和应用能力。
- **软件实操：** 深入讲解Dreamweaver CC的核心功能，包括站点管理、文本与图像处理、表格与表单设计、超链接设置、音频与视频添加等，使读者能够熟练运用这些功能进行网页制作。
- **练习案例：** 设计有针对性的练习题，帮助读者巩固所学知识，提升独立解决问题的能力。
- **综合案例：** 通过综合案例，如餐饮美食网站的制作，提高读者的项目实战能力和创新设计能力。

配套资源

本书提供丰富的配套资源，读者可登录人邮教育社区（www.ryjiaoyu.com），在本书页面中下载。

微课视频： 本书所有案例均配套微课视频，扫码即可观看。

素材和效果文件： 本书提供所有案例需要的素材和效果文件，素材和效果文件均以案例名称命名。

素材 **+** 效果文件

教学辅助文件： 本书提供PPT课件、教学大纲、教学教案、拓展案例、拓展素材资源等。

PPT课件 **+** 教学大纲 **+** 教学教案 **+** 拓展案例 **+** 拓展素材资源

编　者

2025年3月

目录 👍

第3章

HTML5的基础知识

028 ⌄

第4章

创建HTML5网页中的文本与图像

041 ⌄

第8章

CSS3基础

103

第9章

CSS3中的属性设置

123

第12章
综合案例——制作餐饮美食网站

194 ⌄

第 1 章

Dreamweaver CC 基础入门

本章导读

本章主要向读者介绍网页与网站的关系、常见的网站类型、Dreamweaver CC的启动与退出方法以及Dreamweaver CC首选参数的设置方法等。希望读者通过本章内容的学习，能够了解Dreamweaver CC的工作环境，掌握Dreamweaver CC首选参数的设置方法以及标尺、网格与辅助线工具的应用。

本章学习任务

· 了解网页与网站
· 网络基本术语
· 常见的网站类型
· Dreamweaver CC的启动与退出
· Dreamweaver CC的工作界面
· 设置首选参数
· 可视化辅助工具

1.1 了解网页与网站

网页是通过网络发布的，包含文本、声音、图像等多媒体信息的页面，其英文是WebPage。网页是一个实实在在的文件，它存储在被访问的网站服务器上，并通过网络进行传输，通过浏览器进行解析和显示。它通常表现为HTML（HyperText Markup Language，超文本标记语言）文件。网站是网页的集合，是用来进行网络交流和信息资源共享的平台。

1.1.1 网页 🔍

网页是一个包含HTML标签的纯文本文件，它是构成网站的基本元素。网页一般分为静态网页和动态网页。

静态网页是标准的HTML文件，它采用HTML编写，是通过HTTP（HyperText Transfer Protocol，超文本传输协议）在服务器端和客户端之间传输的纯文本文件，扩展名为.html或.htm。

动态网页在许多方面与静态网页是一致的：它们都是无格式的ASCII（American Standard Code for Information Interchange，美国标准信息交换代码）码文件，都包含HTML代码，都可以包含用脚本语言（如JavaScript或VBScript）编写的程序代码，都存放在Web服务器上，收到客户端请求后都会把响应信息发送给Web浏览器。由于Web应用技术的不同，动态网页文件的扩展名会有所不同。例如，使用ASP（Active Server Pages，活动服务器页面）技术的动态网页的扩展名是.asp，使用JSP（Java Server Pages，Java服务器页面）技术的动态网页的扩展名是.jsp。

将设计好的静态网页放置到Web服务器上后，用户即可访问它。若不进行修改更新，这种网页将保持不变，因此称之静态网页。实际上，静态网页在呈现形式上可能不是静态的，它可以包含翻转图像、GIF（Graphics Interchange Format，图像互换格式）动画或Animate动画等，如图1-1所示。此处所说的静态是指网页在发送给浏览器之前不再进行修改。

图1-1

对于客户而言，无论是访问静态网页还是动态网页，都需要使用网页浏览器（如IE或Navigator）。在地址栏中输入要访问网页的URL（Uniform Resource Locator，统一资源定位器，即通常所说的网址）并发出访问请求，然后才能看到浏览器所解析并呈现的网页内容。

网页和主页（Home Page）是两个不同的概念。一个网站中主页只有一个，而网页可能有成千上万个。通常所说的主页是指访问网站时看到的第一页，即首页。首页的名称是特定的，一般为index.htm、index.html、default.htm、default.html、default.asp、index.asp等。当然，这个名称是由网站建设者所指定的。

1.1.2　网页与网站的关系

一个完整的网站是由多个网页构成的，这些网页是分别独立的，并通过超链接联系起来。超链接的目标可以是另外一个网页，也可以是同一网页的不同位置。网站可以看作诸多网页的家。浏览者通过浏览器访问网站的地址后，可以读取该网站内的网页。

网页是网站的基本信息单位，一个网站通常由众多的网页有机地组织起来，用来为网站用户提供各种各样的信息和服务，好比一栋大楼里的一个个房间。网页在设计时必须考虑它们与网站的内在联系，要符合网络技术的特点，体现网站的功能，这一点正是传统设计所不曾遇到的问题。网页设计师必须深入理解网络技术的特点，了解网站与网页的关系，才能发挥出专业基础的优势，设计出精彩的网页。

> **提示** 🔊▶
>
> 网页是由许多HTML文件集合而成的。至于要多少网页集合在一起才能称作网站，这没有硬性规定。即使只有一个网页，也能被称为网站。

1.2　网络基本术语

1.1节已经介绍了网页的一些基本知识，本节将介绍一些常用的网络术语，以方便读者学习后面的内容。

1.2.1　域名

域名相当于我们写信时的地址。简单地说，在浏览一个网站时，首先要在浏览器的地址栏中输入对应的网址，如http://www.163.com。该网址中的163.com就是网易网站的域名。域名在互联网上具有唯一性。

1.2.2　HTTP

HTTP是WWW服务器使用的主要协议，所有的WWW文件都必须遵守这个协议。此外，有时我们也会看到HTTPS（HyperText Transfer Protocol over Secure Socket Layer，超文本安全传输协议），它是一种基于SSL（Secure Sockets Layer，安全套接层）/TLS（Transport Layer Security，传输层安全）加密协议的安全传输协议，需要向CA（Certificate Authority，认证中心）申请证书。

1.2.3　FTP

FTP（File Transfer Protocol，文件传输协议）是网络上主机之间进行文件传输的用户级协议。例如，本书第12章中提到的上传文件到互联网，就是利用FTP将已完成的作品上传到互联网，供浏览者访问。

1.2.4　超链接

超链接是网络的联系纽带，用户通过网页中的超链接可以在互联网上畅游，而不受任何阻隔。在网页中，超链接最明显的体现就是导航栏，它是网站中用于引导浏览者浏览本网站的基础目录。

1.2.5 站点

站点是网页设计人员在制作网站时为了方便对同一目录下的内容进行相互调用而创建的一个文件夹，主要用来管理网站的内容。一个网站可以包含一个站点，如个人网站、企业网站等；也可以包含若干站点，如新浪、网易、搜狐等大型门户网站。

1.3 常见的网站类型

根据网站用途的不同，可以将网站分为以下6类。

1.3.1 门户网站

门户网站是指共享某类综合性互联网信息资源并提供相关信息服务的应用系统，是涉及领域非常广泛的综合性网站，如图1-2所示。

图1-2

1.3.2 企业网站

企业网站即所谓的企业门户，拥有丰富的资讯信息和强大的搜索引擎功能，如图1-3所示。

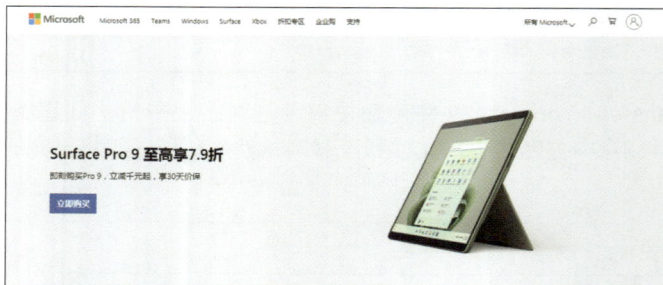

图1-3

1.3.3　个人网站

个人网站是由个人开发建立的网站，它在内容和形式上具有很强的个性化特点，通常用来宣传自己或展示个人的兴趣爱好，如图1-4所示。

1.3.4　娱乐网站

娱乐网站大多以提供娱乐信息和娱乐服务为主，如在线游戏网站、电影网站和音乐网站等，它们可以提供丰富多彩的娱乐内容。这类网站的特点也非常显著，通常色彩鲜艳明快，内容综合，多配以大量图片，设计风格或轻松活泼，或时尚另类，如图1-5所示。

图1-4　　　　　　　　　　　　　　　　　　　图1-5

1.3.5　机构网站

机构网站通常指政府机关、非营利性机构或相关社团组织建立的网站。这类网站在互联网上十分常见，如学术组织网站、教育网站、机关网站等，都属于这一类型。这类网站的风格通常与其组织所代表的意义相一致，一般采用较常见的布局和配色方式，如图1-6所示。

图1-6

1.3.6　电子商务网站

电子商务网站是企业、机构或者个人在互联网上建立的一个站点，是企业、机构或者个人开展电子商务的基础设施和信息平台，是实施电子商务的交互窗口，是从事电商活动的一种方式。图1-7所示的就是一个电子商务网站。

图1-7

1.4 Dreamweaver CC的启动与退出

Dreamweaver CC是Adobe公司推出的一款拥有可视化编辑界面，用于制作、编辑网站和移动应用程序的网页设计软件。它将可视布局工具、应用程序开发功能和代码编辑支持组合为一个功能强大的工具系统，使各个级别的开发人员和设计人员都可以利用它快速创建网页界面。在计算机中安装了Dreamweaver CC之后，就可以启用该软件进行网页制作了。

下面介绍启动与退出Dreamweaver CC的方法。

1.4.1 启动Dreamweaver CC

初次启动Dreamweaver CC时，软件显示的是"设计器"界面布局，这个工作界面包括菜单栏、欢迎屏幕和"属性"面板，如图1-8所示。

欢迎屏幕包含4个栏目，分别是"打开最近的项目""新建""主要功能"以及"快速入门"等帮助链接，如图1-9所示。

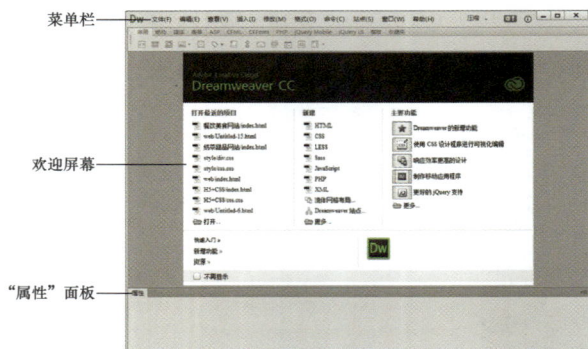

图1-8

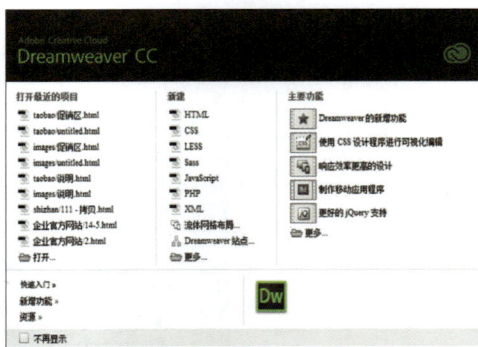

图1-9

欢迎屏幕中4个栏目的含义如下。

① 打开最近的项目：显示用户最近编辑过的页面或站点。用鼠标左键单击项目名称，就可以打开相应的项目文件。

② 新建：用于快速创建新的文件。有多种文件类型可供用户选择。

③ 主要功能：提供Dreamweaver CC最热门的新功能介绍，并链接到Adobe官网上提供的网络视频。

④ 快速入门：为用户提供一些软件使用方面的帮助信息。

如果不需要显示欢迎屏幕，可以勾选欢迎屏幕最下面的"不再显示"复选框。再次启动

Dreamweaver CC时，欢迎屏幕就不会再出现。

1.4.2　退出Dreamweaver CC

若要退出Dreamweaver CC，可以采用以下几种方式。

第1种：单击Dreamweaver CC程序窗口右上角的 ❌ 按钮。

第2种：使用"文件→退出"菜单命令。

第3种：双击Dreamweaver CC程序窗口左上角的 **Dw** 图标。

第4种：按Alt+F4快捷键。

1.5　Dreamweaver CC的工作界面

启动Dreamweaver CC后，系统默认的工作界面如图1-10所示。下面分别介绍每个组成部分。

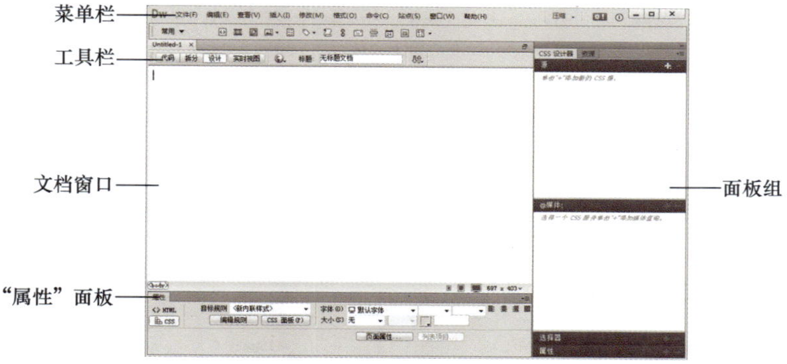

图1-10

1.5.1　菜单栏

Dreamweaver CC的菜单栏上共有10个菜单，分别是"文件"菜单、"编辑"菜单、"查看"菜单、"插入"菜单、"修改"菜单、"格式"菜单、"命令"菜单、"站点"菜单、"窗口"菜单和"帮助"菜单。

1.5.2　工具栏

使用工具栏中的视图工具可以在文档的不同视图之间进行切换，如"代码"视图、"设计"视图等，如图1-11所示。

图1-11

工具栏参数介绍如下。

① "代码"按钮 **代码**：单击该按钮，仅在文档窗口中显示和修改HTML源代码。

② "拆分"按钮 **拆分**：单击该按钮，可在文档窗口中同时显示HTML源代码和页面的设计效果。

③ "设计"按钮 **设计**：单击该按钮，仅在文档窗口中显示网页的设计效果。

④ "实时视图"按钮 **实时视图**：单击该按钮，可模拟在浏览器中看到的网页效果。

⑤ "在浏览器中预览/调试" 按钮 ：单击该按钮，可通过浏览器来预览网页文档。

⑥ "标题" 文本框 标题：无标题文档 ：在该文本框中可输入要在浏览器上显示的文档标题。

⑦ "文件管理" 按钮 ：单击该按钮，可管理站点中的文件，包括 "上传" "取出" 等。

1.5.3 文档窗口

文档窗口又称为文档编辑区，主要用来显示或编辑文档。其显示模式有3种：代码视图（见图1-12）、拆分视图（见图1-13）、设计视图（见图1-14）。

图1-12 图1-13 图1-14

1.5.4 "属性" 面板

"属性" 面板位于文档状态栏的下方，主要用于设置页面上正在编辑内容的属性，如图1-15所示。可以通过使用 "窗口→属性" 菜单命令或按Ctrl+F3快捷键来打开或关闭 "属性" 面板。

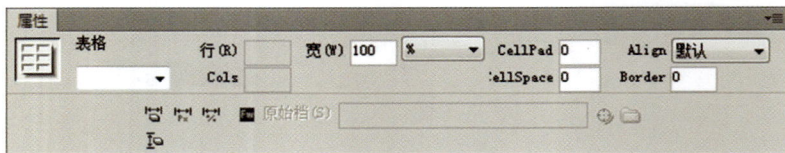

图1-15

根据当前选定内容的不同，"属性" 面板中所显示的属性也会有所不同。在大多数情况下，对属性所做的更改会即时应用到文档窗口中，但有些属性则需要在 "属性" 文本框外单击鼠标左键或按下Enter键才会有效。

> **提示**
>
> 不是所有的属性都会显示在 "属性" 面板中。在少数情况下，某些不重要的属性即使在展开的 "属性" 面板中也可能不会显示。这时，可以使用 "代码" 视图或者 "代码" 检查器手动对这些属性进行编辑。

1.5.5 面板组

在Dreamweaver CC中，面板组嵌入操作界面中。面板组位于工作界面的右侧，用于帮助用户监控和修改工作，如图1-16所示。在面板中对相应的文档进行编辑操作时，效果会同时显示在窗口中，有利于用户对页面的编辑。

图1-16

1.6 设置首选参数

在Dreamweaver CC中，通过参数设置可以改变Dreamweaver界面的外观以及面板、站点、字体等对象的属性特征。首选参数的类别比较多，本节将选择一些最常用的类型进行介绍。

1.6.1 常规参数

执行"编辑→首选项"菜单命令，打开"首选项"对话框，选择"分类"列表框中的"常规"选项，如图1-17所示。

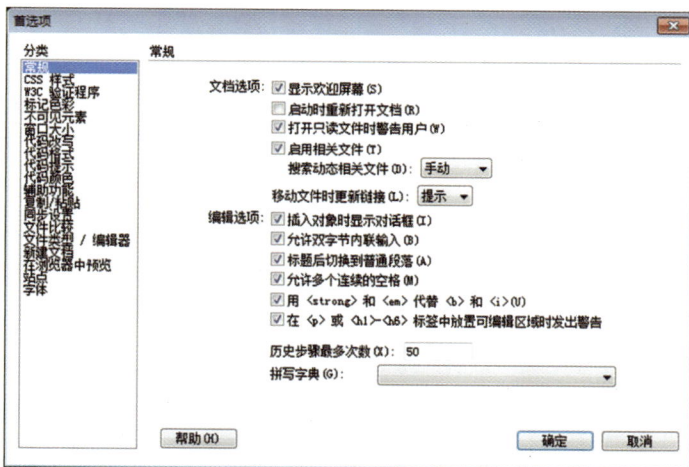

图1-17

提示

按Ctrl+U快捷键可以快速打开"首选项"对话框。

常规参数的说明如下。

① 显示欢迎屏幕：选中该复选框，Dreamweaver CC在启动时将显示欢迎屏幕。

② 启动时重新打开文档：确定以前编辑过的文档在再次启动后是否重新打开。

③ 打开只读文件时警告用户：在打开只读文件时是否提示用户该文件为只读文件。

④ 启用相关文件：选中该复选框，将会在打开网页文件时启用相关的文件。

⑤ 移动文件时更新链接：设置移动文件时是否更新文件中的链接。

⑥ 插入对象时显示对话框：该复选框用于决定在插入图片、表格、Shockwave电影及其他对象时，是否弹出对话框。若不选中该复选框，则不会弹出对话框，这时只能在"属性"面板中指定图片的源文件、表格行数等。

⑦ 允许双字节内联输入：选中该复选框，可以在文档窗口中直接输入双字节文本；不选中该复选框，则会出现一个文本输入窗口，用于输入和转换文本。

⑧ 标题后切换到普通段落：选中该复选框，输入的文本中可以包含多个空格。

⑨ 允许多个连续的空格：选中该复选框，就可以输入多个连续的空格。

提示

在输入法为全角状态下，也能输入多个连续的空格。

⑩ 用<strong>和<em>代替<b>和<i>：选中该复选框，代码中的<b>和<i>将分别用<strong>和<em>代替。

⑪ 在<p>或<h1>-<h6>标签中放置可编辑区域时发出警告：在Dreamweaver CC中，当保存一个包含段落或标题标签，且这些标题标签内具有可编辑区域的模板时，系统是否会发出警告信息，该警告信息会提示用户无法在此区域中创建更多段落。

⑫ 历史步骤最多次数：用于设置"历史"面板所记录的步骤数目。如果步骤数超过了这里设置的数目，则"历史"面板中前面记录的步骤就会被删除。

⑬ 拼写字典：该下拉列表用于检查所建立文件的拼写，默认为英语（美国）。

1.6.2 代码格式

选择"分类"列表框中的"代码格式"选项，可以对代码格式进行设置，如图1-18所示。

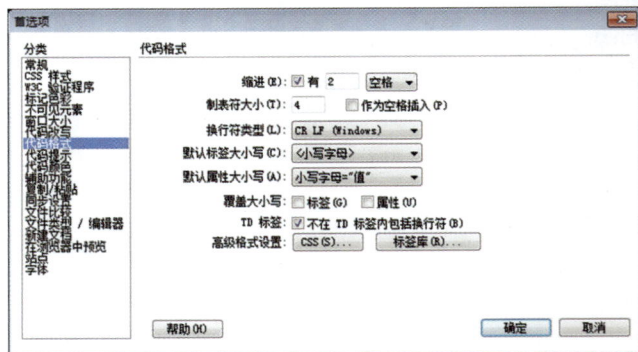

图1-18

各参数说明如下。

① 缩进：在Dreamweaver CC中，HTML标签的默认缩进值为两个空格。用户可以根据需要自行设置。

② 制表符大小：在文本框中可以设置制表符的大小。

③ 换行符类型："换行符类型"选项决定了哪种换行符会被添加到页面上。不同的操作系统使用的换行符字符也是不同的，macOS使用carriage return（CR，回车），UNIX使用line feed（LF，换行），而Windows使用CR和LF。如果知道远程服务器的类型，则可以选择正确的换行符类型，以确保源代码在远程服务器上能够正确地显示。单击"换行符类型"文本框右侧的下拉按钮，在弹出的下拉列表中可以选择所使用的操作系统。

④ 默认标签大小写：设置标签的大小写。

⑤ 默认属性大小写：设置属性的大小写。在Dreamweaver CC中，系统对标签和属性的默认设置为小写。

⑥ 覆盖大小写：勾选"标签"复选框或"属性"复选框后，使用Dreamweaver CC打开的每个文档中的所有标签或属性也将转换为指定的大小写。

⑦ TD标签：选中该复选框可以保证在<td>标签内没有换行符。

⑧ 高级格式设置：可以设置CSS（Cascading Style Sheets，层叠样式表）与标签库。

1.6.3　代码颜色

选择"分类"列表框中的"代码颜色"选项，可以对代码颜色进行设置，如图1-19所示。

图1-19

各参数说明如下。

① 文档类型：单击"编辑颜色方案"按钮，可以打开"编辑HTML的颜色方案"对话框。通过该对话框可以修改Dreamweaver CC中代码的颜色，如图1-20所示。

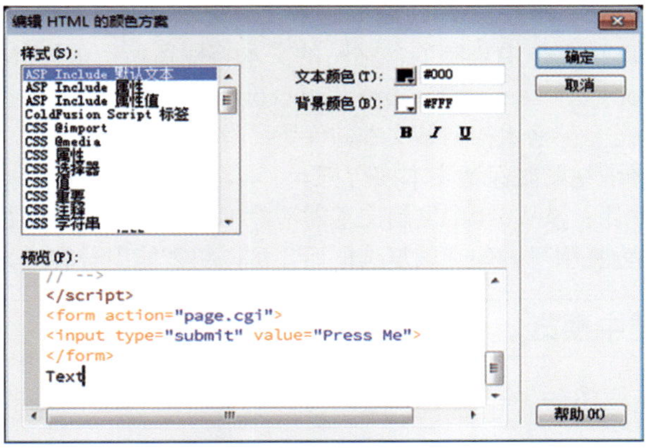

图1-20

② 默认背景：修改默认代码视图的背景颜色。

③ 实时代码背景：修改实时代码的背景颜色。

④ 只读背景：编辑只读背景颜色。

⑤ 隐藏字符：修改隐藏字符的背景颜色。

⑥ 实时代码更改：编辑实时代码更改的背景颜色。

1.6.4 复制/粘贴

选择"分类"列表框中的"复制/粘贴"选项，可以对复制、粘贴的格式进行设置，如图1-21所示。Dreamweaver CC在处理文本时增强了复制和粘贴的功能。一段任意的文本文档被复制后（包括来自Microsoft Office的文本），都能粘贴到Dreamweaver CC中，并且Dreamweaver CC可自动将其格式转换为HTML格式。

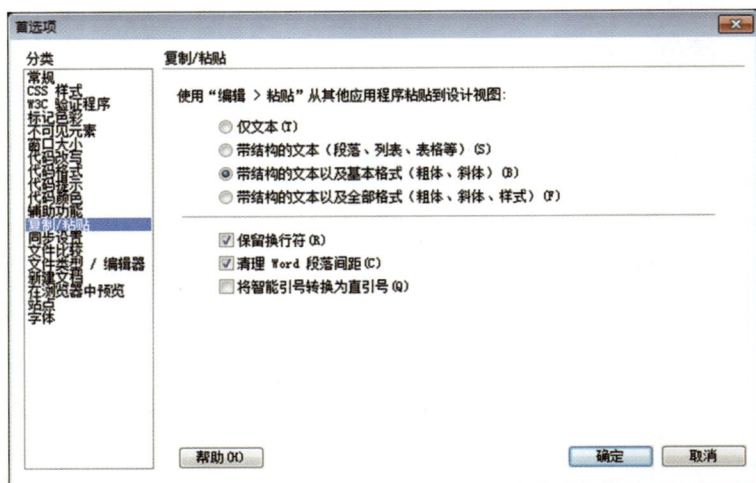

图1-21

各参数说明如下。

① 仅文本：粘贴无格式的纯文本，包括分行和段落在内的格式都会被删除。

② 带结构的文本：粘贴文本并保留其结构，但不保留基本格式设置，如列表、段落、分行和间隔。

③ 带结构的文本以及基本格式：粘贴简单的格式化文本，会保留粗体、斜体和下画线等基本格式。如果文本是从HTML文档中复制的，粘贴的文本将保留所有的HTML文本类型标签，包括<b>、<i>、<u>、<strong>、<em>、<abbr>和<acronym>。

④ 带结构的文本以及全部格式：粘贴文本并保留所有结构和格式。

⑤ 保留换行符：复制/粘贴时保留文本换行符。

⑥ 清理Word段落间距：从Word中复制文本时清除相关文本的段落间距。

⑦ 将智能引号转换为直引号：勾选该复选框后，可以将智能引号转换为直引号。

1.6.5 在浏览器中预览

选择"分类"列表框中的"在浏览器中预览"选项，可以对浏览器进行设置，如图1-22所示。

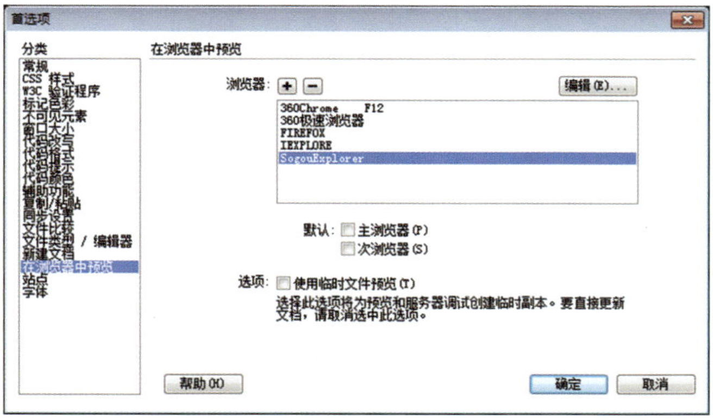

图1-22

各参数说明如下。

① "添加"按钮 ➕：单击该按钮，可以在"浏览器"列表框中添加新的浏览器。

② "删除"按钮 ➖：单击该按钮，即可将选中的浏览器删除。

③ "编辑"按钮 编辑(E)… ：若要更改选定浏览器的设置，可以单击该按钮进行更改。

④ 默认：勾选"主浏览器"或"次浏览器"复选框，可以指定所选浏览器是主浏览器还是次浏览器。

⑤ 使用临时文件对网页预览：勾选此复选框，预览时Dreamweaver CC将创建用于预览和服务器调试的临时文件，而不是直接更新当前文档。如果要直接更新当前文档，则不需要勾选此复选框。

1.6.6　字体

在Dreamweaver CC中，可以为新文件设置默认字体或对新字体进行编辑。选择"分类"列表中的"字体"选项，可以对字体进行设置，如图1-23所示。

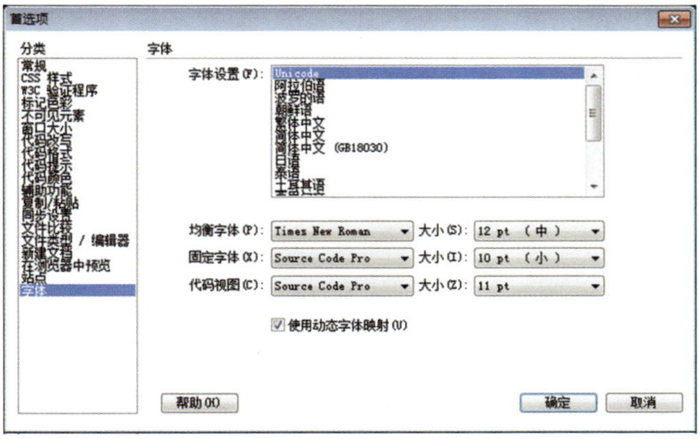

图1-23

各参数说明如下。

① 字体设置：设置Dreamweaver CC文件中可以使用的字体。

② 均衡字体：设置在正规文本中使用的字体，如段落、标题以及表格中的文本。默认字体为系统已经安装的字体。

③ 固定字体：设置在<pre>、<code>以及<tt>标签中使用的字体。

④ 代码视图：在"代码"面板中文本的字体，默认字体与"固定字体"相同。

　　⑤ 使用动态字体映射：勾选该复选框后可以定义模拟设备时所使用的设备字体。在网页文件中，用户可以指定通用设备字体，如sans、serif 或 typewriter。Dreamweaver CC会在运行时自动尝试将选定的通用字体与设备上的可用字体进行匹配。

1.7　可视化辅助工具

　　为了更准确、方便地使用Dreamweaver CC制作精美的网页，该软件还为用户提供了几种可视化辅助工具，如标尺、网格等。

1.7.1　标尺工具

　　利用标尺可以精确地计算所编辑网页的宽度和高度，还可以计算图片和文字等页面元素与网页的比例，使网页更符合浏览器的显示要求。标尺位于页面的左边框和上边框中，以像素、英寸或厘米为单位。默认情况下，标尺使用的单位是像素。

　　使用标尺的相关操作如下。

　　① 使用"查看→标尺→显示"菜单命令，可以在文档窗口中显示或关闭标尺，如图1-24所示。

　　② 标尺原点的默认位置在Dreamweaver CC窗口设计视图的左上角。用户可以将标尺原点图标拖曳至页面的任意位置，如图1-25所示。

图1-24

图1-25

　　③ 若要将原点重设到其默认位置，可使用"查看→标尺→重设原点"菜单命令，如图1-26所示。若要改变标尺的单位，可以使用"查看→标尺→像素"菜单命令。

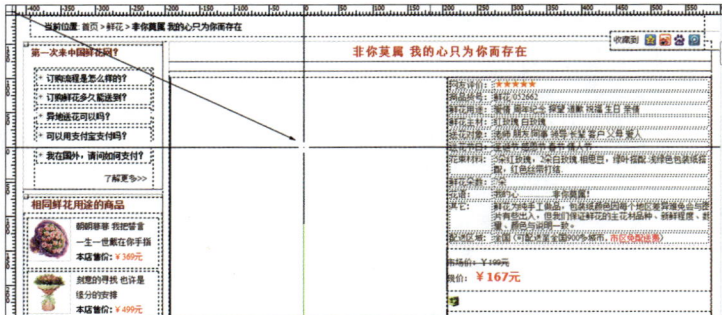

图1-26

1.7.2　网格工具

网格是网页设计师在设计视图中用于绘制、定位和调整大小的可视化向导。通过使用网格，可以让页面元素在移动时自动靠齐到网格，还可以通过自定义网格设置来调整网格或控制靠齐方式。

使用网格的操作方法如下。

使用"查看→网格设置→显示网格"菜单命令，将会在文档窗口中显示或关闭网格，如图1-27所示。

使用"查看→网格设置→网格设置"菜单命令，打开图1-28所示的"网格设置"对话框，可以对网格进行设置。

图1-27

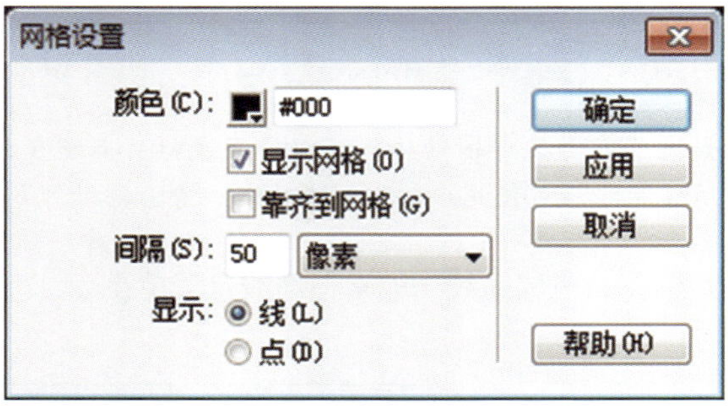

图1-28

具体设置如下。

① 颜色：单击"颜色"选项框，可在弹出的调色板中选择不同的网格颜色。

② 显示网格：勾选该复选框，可以使网格在设计视图中可见。

③ 靠齐到网格：勾选该复选框，网格中的层就能自动靠齐到网格。

④ 间隔：用来控制网格线的间距。在下拉列表中可以为间距选择度量单位，有"像素""英寸"和"厘米"选项可供选择，默认的网格间距是50像素。

⑤ 显示：包括"线"和"点"两种方式，用于设定网格线以线或点的形式进行显示。

提示 📢▶

如果未选择"显示网格"复选框，网格将在视图中不可见。

1.7.3　辅助线工具

辅助线通常与标尺配合使用。通过辅助线与标尺的配合，用户可以更精确地对文档中的网页对象进行调整和定位。

使用辅助线的操作方法如下。

使用"查看→辅助线→显示辅助线"菜单命令，使辅助线呈现可显示状态；然后在文档上方的标尺中按住鼠标左键并拖曳至文档中，即可创建出文档的辅助线，如图1-29所示。

可以用同样的方法拖曳出其他水平和垂直辅助线，然后用鼠标对辅助线的位置进行调整，如图1-30所示。

图1-29

图1-30

提示 🔊▶

　　如果不需要某条辅助线，可以使用鼠标将其拖曳到网页文档外，即可将其删除。如果不需要使用辅助线，可使用"查看→辅助线→清除辅助线"菜单命令，将文档中的辅助线全部清除。

　　使用"查看→辅助线→编辑辅助线"菜单命令，打开对话框，可以对辅助线进行设置，如图1-31所示。

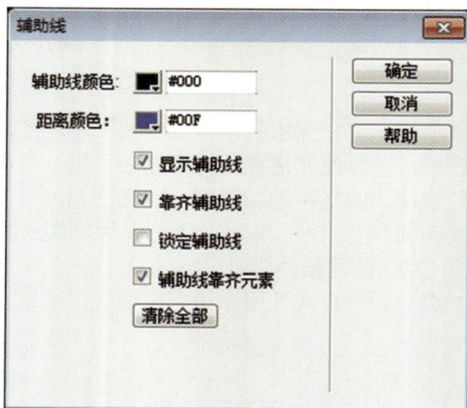

图1-31

具体设置如下。

① 辅助线颜色：单击颜色选项框，在弹出的调色板中可以选择不同的辅助线颜色。

② 距离颜色：当用户将鼠标指针置于辅助线之间时，将显示一个作为距离指示器的线条。该参数用于设置这个线条的颜色。

③ 显示辅助线：勾选该复选框后，可以使辅助线在设计视图中可见。

④ 靠齐辅助线：勾选该复选框后，可以使页面元素在页面中移动时靠齐辅助线。

⑤ 锁定辅助线：勾选该复选框后，可以将辅助线锁定在适当位置。

⑥ 辅助线靠齐元素：勾选该复选框后，拖曳辅助线时可使辅助线靠齐页面上的元素。

⑦ "清除全部"按钮 清除全部 ：单击该按钮，将从页面中清除所有的辅助线。

第**2**章

站点的创建与管理

本章导读

合理规划站点，不但可以使网站的结构更清晰有序，而且对网站的开发和后期维护都起着非常重要的作用。本章主要介绍站点创建和管理的方法。通过本章的学习，读者可以了解站点的规划原则，并掌握站点的创建方法。

本章学习任务

· 站点的规划

· 站点面板

· 导出和导入站点

· 管理站点

2.1 站点的规划

站点是存放网站上所有文件的地方。在Dreamweaver CC中，站点包括远程站点和本地站点。远程站点指位于Internet服务器上的站点，本地站点指位于本地计算机上的站点。合理地规划站点，不仅可以使网站的结构清晰、有序，而且有利于网站的开发和后期维护。

一般来说，在规划站点时，应遵循以下规则。

1. 文档分类保存

如果是一个复杂的站点，它包含的文件会很多，而且不同类型的文件内容上也会不尽相同。为了合理地管理文件，需要将文件分门别类地存放在相应的文件夹中。如果将所有网页文件都存放在一个文件夹中，当站点的规模越来越大时，管理起来就会非常困难。

在用文件夹来合理构建文档的结构时，应该先为站点在本地磁盘上创建一个根文件夹；在此文件夹中再分别创建多个子文件夹，如网页文件夹、媒体文件夹、图像文件夹等，然后将文件放在相应的文件夹中。而站点中的一些特殊文件（如模板、库等）最好存放在系统默认创建的文件夹中。

2. 合理命名文件

为了方便管理，文件夹和文件的名称必须用文字描述清楚。特别是在网站的规模变得很大时，文件名容易理解的话，用户一看就明白网页描述的内容。否则，随着站点中文件的增多，不易理解的文件名会影响工作的效率。

> **提示**
>
> 应该尽量避免使用中文文件名，因为很多Internet服务器使用的是英文操作系统，不能对中文文件名提供良好的支持。但是可以使用汉语拼音。

3. 本地站点与远程站点结构统一

在设置本地站点时，应确保本地站点与远程站点的结构设计保持一致。这样在将本地站点上的文件上传到服务器时，可以保证本地站点是远程站点的完整复制，不仅不易出错，也便于对远程站点进行调试与管理。

2.2 站点面板

站点面板即"文件"面板，包含在"文件"面板组中，是存放网站上所有文件的地方。

2.2.1 课堂案例——创建我的第一个站点

案例说明如表2-1所示。

表2-1 创建我的第一个站点

实例位置	实例文件→CH02→创建我的第一个站点→web
视频名称	操作练习：创建我的第一个站点.mp4
技术掌握	学习创建站点的方法

微课视频

操作步骤如下。

① 在计算机硬盘上创建一个名为web的文件夹，在web文件夹里创建一个名为images的文件夹，用来存放网站中用到的图像文件。

② 启动Dreamweaver CC，使用"站点→新建站点"菜单命令打开"站点设置对象"对话框，在"站点名称"文本框中输入名字"web"，如图2-1所示。

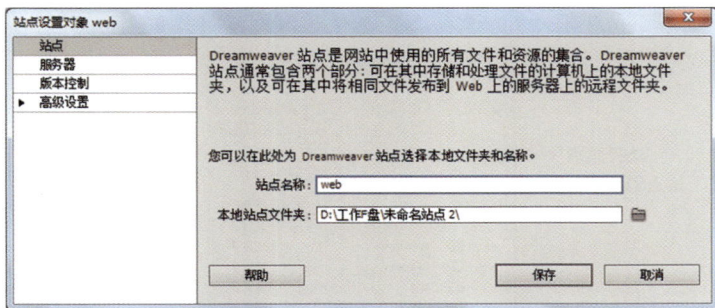

图2-1

③ 在"本地站点文件夹"文本框中输入刚才创建好的web文件夹的路径，如图2-2所示。也可以单击文本框后面的文件夹图标 ，进行浏览选择。

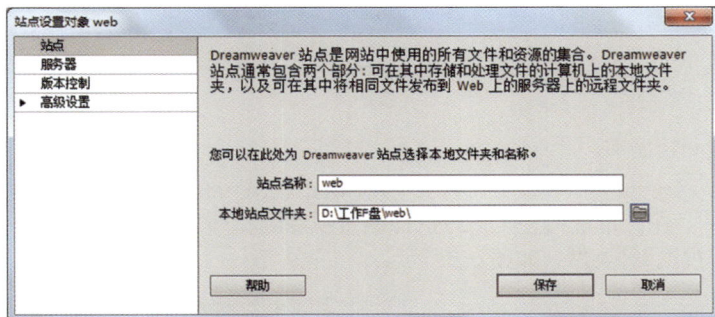

图2-2

④ 完成所有设置后，单击 保存 按钮，完成站点的建立。这时，在"文件"面板中将出现已建立好的站点列表，如图2-3所示。

图2-3

提示

　　如果创建站点时没有指定本地根文件夹，Dreamweaver CC会默认把站点文件存储在系统上的"我的文档"中。建议不要使用默认设置，因为如果用户的计算机操作系统出现问题需要重装，而又忘记备份网站文件的话，就可能导致文件丢失。

2.2.2 了解站点面板

站点面板默认情况下位于浮动面板停靠区。如果该区域没有"文件"面板，可以使用"窗口→文件"菜单命令（或按F8键）将其打开。站点面板的结构如图2-4所示。

图2-4

站点面板参数介绍如下。

① 企业网站 ▼：在该下拉列表中可以选择已建立的站点，如图2-5所示。

② 本地视图 ▼：在该下拉列表中可以选择站点视图的类型，包括本地视图、远程服务器、测试服务器和存储库视图4种类型，如图2-6所示。

图2-5

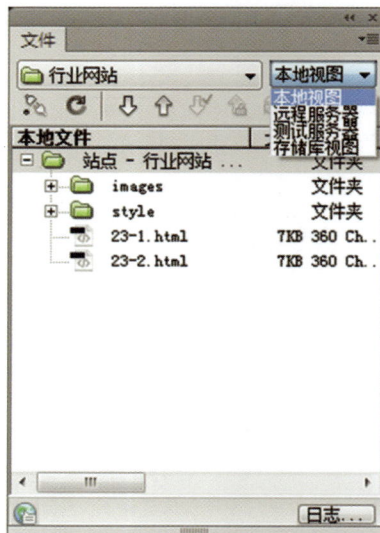

图2-6

③ 连接到远程服务器 ：连接到远程服务器或断开与远程服务器的连接。

④ 刷新 ：用于刷新本地与远程服务器的目录列表。

⑤ 从"远程服务器"获取文件 ：将文件从远程服务器或测试服务器复制到本地站点。

⑥ 向"远程服务器"上传文件 ：将文件从本地站点复制到远程服务器或测试服务器。

⑦ 取出文件 ：将远程服务器中的文件下载到本地站点，此时该文件在服务器上的标记为取出。

⑧ 存回文件 ：将本地文件传输到远程服务器上，并且可供他人编辑，而本地文件为只读属性。

⑨ 与"远程服务器"同步 ：可以同步本地和远程文件夹之间的文件。

⑩ 展开以显示本地和远端站点 ：将"文件"面板扩展为双视图，如图2-7所示。

图2-7

2.3 导出和导入站点

使用Dreamweaver CC可以将站点导出为.ste文件，然后将其导入Dreamweaver CC。这样就可以在各计算机和产品版本之间移动站点，或者与其他用户共享。建议定期导出站点，这样如果该站点出现意外，还有其备份副本。一般来说，导入、导出站点的作用在于保存和恢复站点与本地文件的连接关系。

2.3.1 导出站点

导出站点的操作步骤如下。

第1步：执行"站点→管理站点"菜单命令，在打开的"管理站点"对话框中选中需要导出的站点名称，如图2-8所示。

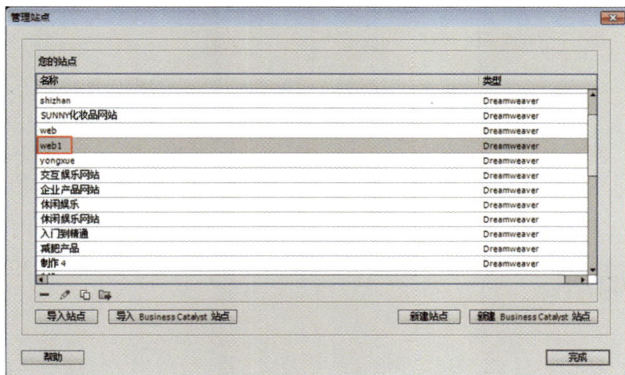

图2-8

第2步：单击"导出当前选定的站点"按钮 ，打开"导出站点"对话框；在"文件名"文本框中为导出的站点文件输入一个文件名，完成后单击 保存(S) 按钮，即可导出站点文件，如图2-9所示。

图2-9

2.3.2 导入站点

在导入站点之前，必须先从Dreamweaver CC中导出站点，并将站点保存为扩展名为.ste的文件。导入站点的操作步骤如下。

第1步：执行"站点→管理站点"菜单命令，在打开的"管理站点"对话框中单击 导入站点 按钮，如图2-10所示。

第2步：在打开的"导入站点"对话框中选择需要导入的站点文件，完成后单击 打开(O) 按钮，即可导入站点文件，如图2-11所示。

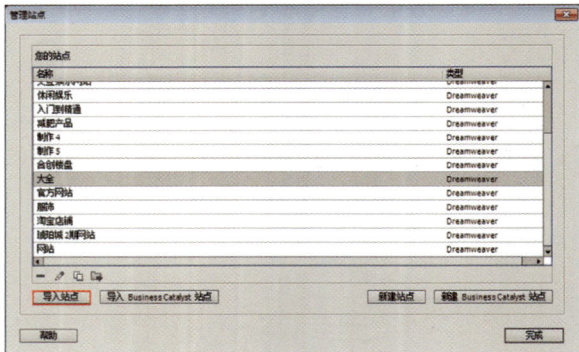

图2-10

图2-11

2.4 管理站点

如果我们对创建的站点有任何不满意的地方，可以随时对其进行编辑、管理和维护。

2.4.1　课堂案例——管理网页文档

案例说明如表2-2所示。

表2-2　管理网页文档

实例位置	实例文件→CH02→管理网页文档→web
视频名称	操作练习：管理网页文档.mp4
技术掌握	学习管理网页文档的方法

操作步骤如下。

① 在Dreamweaver CC中打开"文件"面板，在"站点"下拉列表中选择web，使该站点为当前站点。

② 在web1根目录上单击鼠标右键，在弹出的快捷菜单中选择"新建文件夹"命令，如图2-12所示；将新建的文件夹重命名为org，如图2-13所示。

微课视频

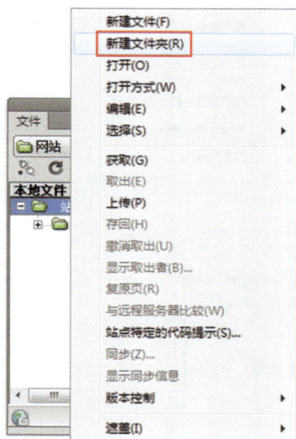

图2-12

图2-13

③ 按照同样的方法，分别新建animate文件夹（animate）和内页文件夹（web），如图2-14所示。

④ 在web1根目录上单击鼠标右键，在弹出的快捷菜单中选择"新建文件"命令，然后将文件重命名为index.html，如图2-15所示。

图2-14

图2-15

⑤ 按照同样的方法新建两个网页文件，并命名为index1.html与index2.html，如图2-16所示。

⑥ 选中index2.html，单击鼠标右键，在弹出的快捷菜单中执行"编辑→删除"命令，如图2-17所示。

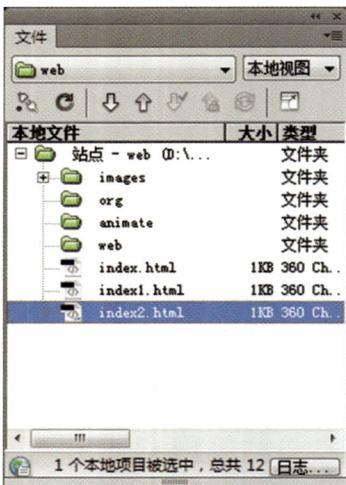

图2-16

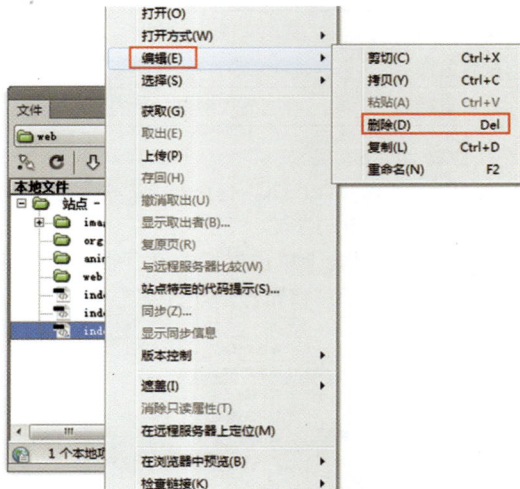

图2-17

⑦ 在打开的对话框中单击 是(Y) 按钮，即可将该文件从站点中删除，如图2-18所示。

图2-18

提示 🔊▶

　　每个站点都有自己的文件及分类文件夹。在建立站点后，一般需要在站点中创建图像文件夹、数据文件夹、网页文件夹和多媒体文件夹。如果是音乐网站，还需要创建音乐文件夹。总之，站点中的文件夹是为了分类管理站点中的内容而建立的。

2.4.2 编辑站点

　　如果需要对已创建的站点进行修改，比如更改站点名称、位置等，可使用Dreamweaver CC的编辑站点功能。

　　编辑站点的具体操作步骤如下。

　　第1步：执行"站点→管理站点"菜单命令，在打开的"管理站点"对话框中选择要编辑的站点，然后单击"编辑当前选定的站点"按钮 ✏，如图2-19所示。

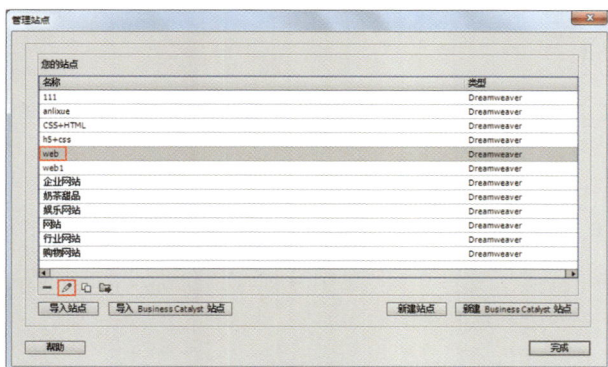

图2-19

第2步：在打开的"站点设置对象"对话框中，可以修改站点的名称和更改站点的位置。完成后，单击 保存 按钮即可，如图2-20所示。

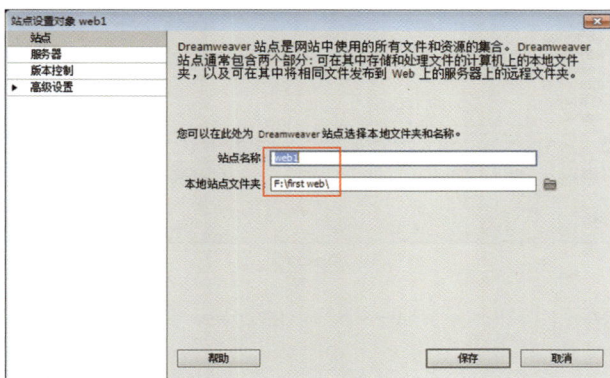

图2-20

提示

用户还可以单击"文件"面板上的站点下拉列表，从中选择"管理站点"命令，然后进行站点编辑，如图2-21所示。

图2-21

2.4.3 复制站点

在Dreamweaver CC中，如果需要复制一个或多个站点，可以直接选择复制站点命令，而不必重新建立一个站点。

复制站点的具体操作步骤如下。

第1步：执行"站点→管理站点"菜单命令，打开"管理站点"对话框。

第2步：选中要复制的站点，然后单击"复制当前选定的站点"按钮 ⧉ ，即可复制一个站点，如图2-22所示。复制的站点会在原名称的后面加上"复制"二字。

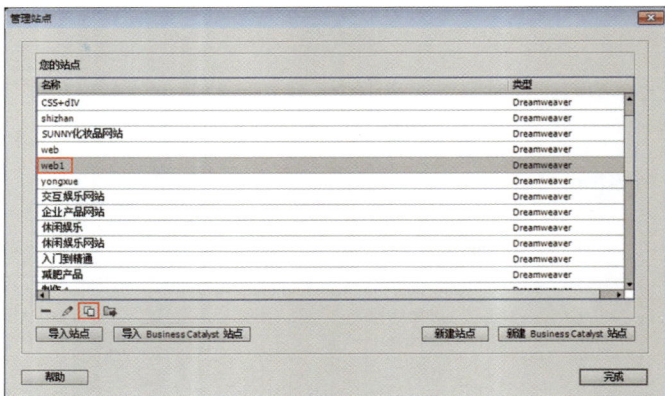

图2-22

第3步：单击 完成 按钮，就完成一个站点的复制。在"文件"面板下，web1的复制站点如图2-23所示。

图2-23

2.4.4 删除站点

如果觉得某个站点已经没有用了，可以将其删除，具体操作步骤如下。

第1步：执行"站点→管理站点"命令，打开"管理站点"对话框。

第2步：选择要删除的站点，然后单击"删除当前选定的站点"按钮 ➖ ，如图2-24所示。

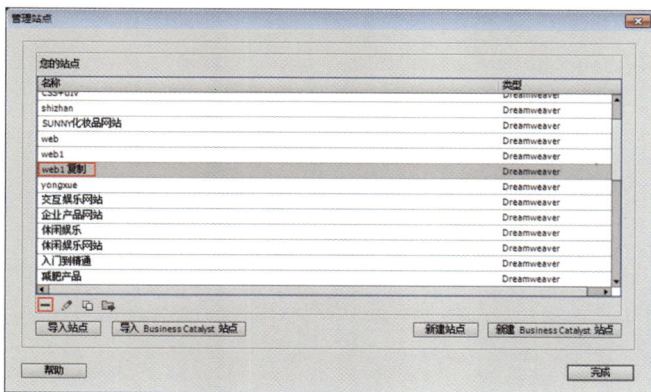

图2-24

第3步：在弹出的对话框中单击 ┌ 是 ┐ 按钮，如图2-25所示。

图2-25

第4步：返回"管理站点"对话框中，单击 ┌ 完成 ┐ 按钮，站点就被删除了。

提示

　　使用Dreamweaver CC编辑网页或进行网站管理时，每次只能操作一个站点。如果需要切换站点，可以在"文件"面板左侧的下拉列表中选择已创建的站点，就能切换到所选择的站点，如图2-26所示。

　　另外，也可以在"管理站点"对话框中选中需要切换到的站点，如图2-27所示，完成后单击 ┌ 完成 ┐ 按钮即可。

图2-26

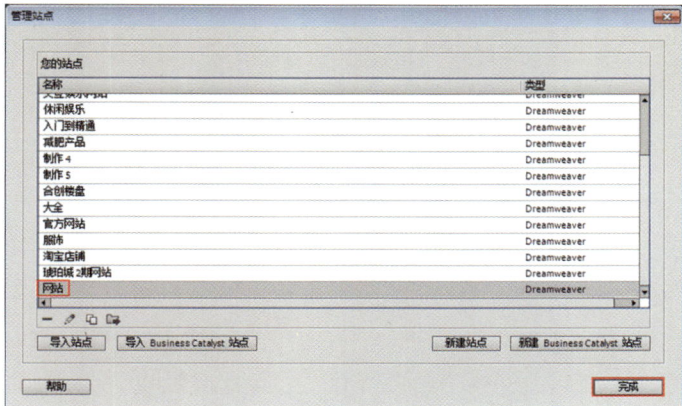

图2-27

第 **3** 章

HTML5 的基础知识

本章导读

HTML文件是一个包含标记的文本文件，用HTML编写的超文本文档称为HTML文档，它能独立于各种操作系统平台。本章主要向读者介绍HTML5的基础知识。希望读者通过本章内容的学习，能够了解HTML5的基本结构，熟悉常用的基本标签。

本章学习任务

· 创建HTML5代码

· 了解HTML5的基本结构

· 熟悉HTML5的常用标签

3.1　HTML5概述

HTML5是互联网的新一代标准，是构建和呈现互联网内容的一种语言方式，被认为是互联网的核心技术之一。HTML表示超文本标记语言。所谓超文本，是指在HTML中可以加入图片、声音、动画和影视等内容，也可以从一个文件跳转到另一个文件。

3.1.1　课堂案例——编写HTML5

案例说明如表3-1所示。

表3-1　编写HTML5

实例位置	实例文件→CH03→编写HTML5→编写HTML5.html
视频名称	操作练习：编写HTML5.mp4
技术掌握	HTML5代码的编辑

HTML5文件其实可以用一个简单的文本编辑器来创建。在Windows操作系统下，创建一个HTML5文件的步骤如下。

① 单击鼠标右键，在弹出的菜单中执行"新建→文本文档"命令，打开"记事本"文件，如图3-1所示。

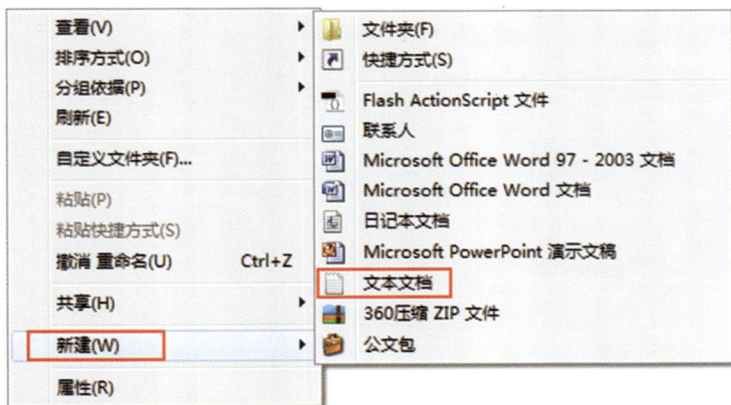

微课视频

图3-1

② 在"记事本"中输入以下HTML代码：

```
<html>
    <head>
        <title> 网页标题 </title>
    </head>
    <body>
        编写 HTML5
    </body>
</html>
```

上述代码在记事本中的样式如图3-2所示。

③ 在"记事本"文件中执行"文件→另存为"命令，打开"另存为"对话框；在"保存类型"

下拉列表中选择"所有文件"，在"文件名"文本框中输入文件名以及扩展名（如编写HTML5.html），然后设置保存路径，就建好了一个HTML文档，如图3-3所示。

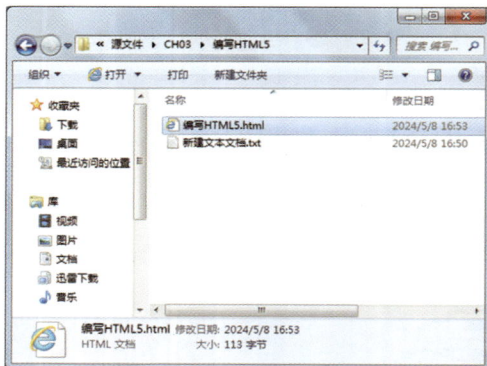

图3-2

图3-3

④ 打开该文件所在的目录，可以看到文件的图标已经变成一个HTML文件，如图3-4所示。

⑤ 使用鼠标左键双击该文件，浏览器将显示此页面，其中标题栏显示"网页标题"，文档中出现文字"编写HTML5"，如图3-5所示。

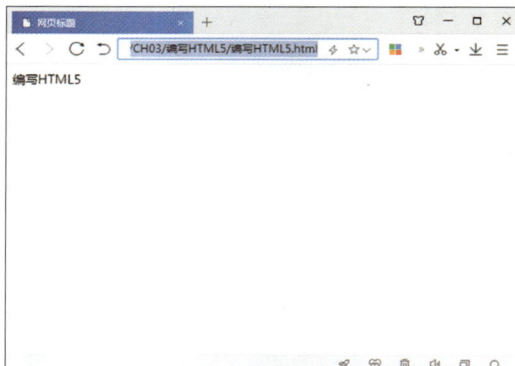

图3-4

图3-5

使用Dreamweaver CC创建一个页面是很容易的，不需要在纯文本中编写代码。打开Dreamweaver CC并切换到代码视图，可以看到Dreamweaver CC在新文档中已经自动创建了HTML文档，如图3-6所示。

图3-6

3.1.2　HTML简介

HTML是一种标记语言，包含一系列标签，通过这些标签可以将网络上的文档格式统一，使分散的Internet资源连接为一个逻辑整体。HTML文本是由HTML代码组成的描述性文本。

通过HTML可以实现丰富多彩的设计风格，具体如下。

· 图片调用：使用<img src="文件名"> 标签插入图片。

· 文字格式：使用<font size="+5"color="00FFFF">文字</font> 标签调整文字的大小和颜色。

· 页面跳转：使用<a href="文件路径/文件名"></a>标签。

· 多媒体效果：使用<embed src="音乐文件名"autostart=true>标签来嵌入音频，使用<embed src ="视频文件名"autostart=true>来嵌入视频。

通常在访问一个网页时，网页所在的服务器会将用户请求的网页以HTML标签的形式发送到用户端。用户端的浏览器接收这些HTML代码，并使用自带的解释器来解释和执行这些HTML标签，然后将执行结果以网页的形式展示给用户。

HTML标签是被客户端的浏览器解读并显示的，是完全公开的。在浏览器中单击鼠标右键，在弹出的菜单中选择"查看网页源代码"命令，如图3-7所示，即可在文件中看到当前网页的HTML代码，如图3-8所示。

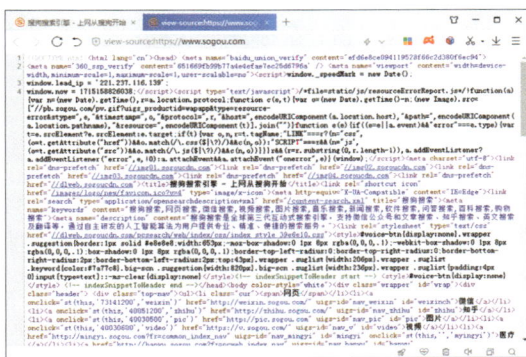

图3-7　　　　　　　　　　　　　　　图3-8

3.1.3　HTML的基本结构

HTML文档是由HTML元素组成的文本文件。HTML元素由预定义的HTML标签组成，这些标签用来构建HTML元素。HTML标签两端有两个包括字符<和>，这两个包括字符被称为角括号。标签通常成对出现，比如<body>和</body>。在一对标签中，第1个是开始标签，第2个是结束标签，开始标签和结束标签之间的文本是元素内容。HTML标签不区分字母的大小写，比如<title>与<TITLE>所表示的含义是一致的。

HTML主要由头部信息和主体信息两部分构成，如图3-9所示。头部信息是文档的开头部分，以<head>标签开始，</head>标签结束。在标签对之间可包含文档的标题<title>...</title>、脚本操作<script>...</script>等，如不需要也可以省略。<body>标签是文档主体部分的开始，以</body>标签结束，其标签对包含众多其他标签。<html>...</html>标签在最外层，表示这对标签之间的内容是HTML文档，标签对之间包含所有HTML元素。

```
<html>
<head>头部信息</head>
<body>文档主体，正文部分</body>
</html>
```

图3-9

下面是一个最基本的HTML文档的源代码：

```
<html>
<head>
<title>基本 HTML 文档</title>
</head>
<body>
<center>
<h3> 欢迎来访问 </h3>
<br>
<hr>
<font size=2>
这是我设计的第一个页面！
</font>
</center>
</body>
</html>
```

HTML中的标签主要有以下几种类型。

1. 单标签

单标签是仅需一个标签即可表达完整意思的HTML元素。单标签的语法如下：

< 标签名称 >

最常用的单标签是
，表示换行。

2. 双标签

双标签由始标签和尾标签两部分构成，必须成对使用。其中始标签用于指示浏览器开始执行该标签所定义的功能，而尾标签告知浏览器在此处结束该功能。始标签前加一个斜杠（/）即成为尾标签。双标签的语法如下：

< 标签 > 内容 </ 标签 >

其中"内容"部分就是这对标签要施加作用的部分。例如，要想突出显示某段文字，就可以将该段文字放在<em>...</em>标签中，具体如下：

<em> 第一 :</em>

3. 标签属性

在单标签和双标签的起始标签内可以包含若干属性，其语法如下：

< 标签名称 属性1 属性2 属性3...>

各属性之间无先后次序，属性也可省略（即取默认值）。例如，单标签<hr>表示在文档当前位置绘制一条水平线，默认是从窗口中当前行的最左端一直延伸到最右端。若要为该标签指定属性，可以写为<hr size=3 align=left width="75%">，其中各属性的含义如下。

·size：定义线的粗细，属性值取整数，缺省值为1。

·align：表示对齐方式，可为left（左对齐）、center（居中）、right（右对齐），缺省值为left（左对齐）。

·width：定义线的长度，可取相对值（由百分号%括起来的数值，表示相对于浏览器窗口宽度的百分比），也可取绝对值（用整数表示的像素值，如width=500）。默认值是"100%"。

3.2　HTML的常用标签

3.2.1　课堂案例——输入古诗

案例说明如表3-2所示。

表3-2　输入古诗

实例位置	实例文件→CH03→输入古诗→输入古诗.html
视频名称	操作练习：输入古诗.mp4
技术掌握	HTML常用标签的使用

操作步骤如下。

① 新建一个记事本文档，在文档中输入以下HTML代码：

```
<html>
<head>
<title> 无标题文档 </title>
</head>
<body>
忆江南 <br> 江南好，风景旧曾谙。<br> 日出江花红胜火，春来江水绿如蓝。<br> 能不忆江南？
</body>
</html>
```

微课视频

上述代码在记事本中的样式如图3-10所示。

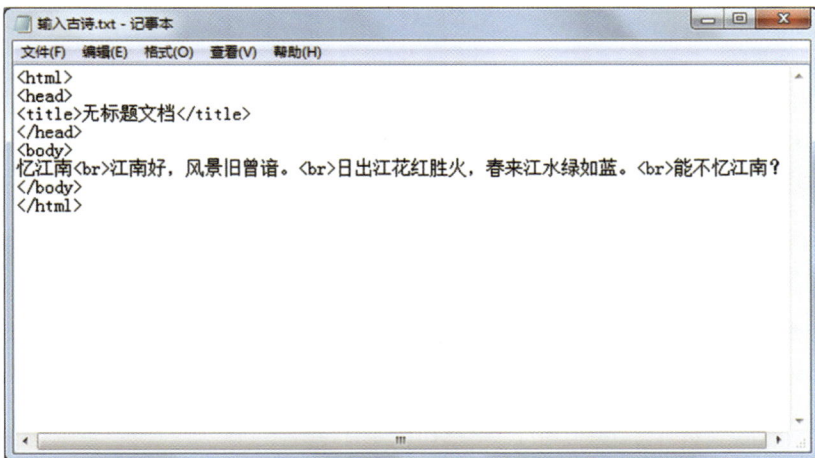

图3-10

提示

代码中的
就是换行标签。
为单标签，表示强制换行。

② 将以上代码保存为HTML文件，然后使用浏览器浏览，效果如图3-11所示。

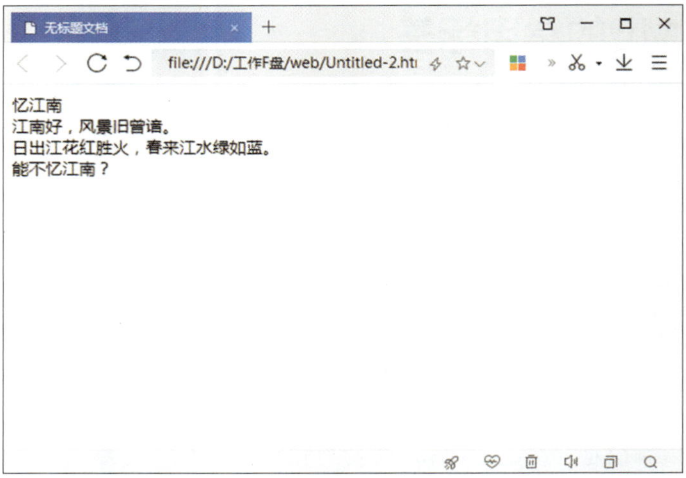

图3-11

下面介绍HTML中常用的标签。

3.2.2 <html>...</html>

学习HTML当然不能少了<html>标签。<html>标签用来标识HTML文档的开始，</html>标签则用来标识HTML文档的结束，两者成对出现，缺一不可。

<html>、</html>标签在文档的最外层，文档中的所有文本和HTML标签都包含在其中，它表示该文档是用HTML编写的。事实上，现在常用的Web浏览器都可以自动识别HTML文档，并不需要有<html>标签，也不对该标签进行任何操作。但是为了使HTML文档能够适应不断变化的Web浏览器，还是应该养成不省略这对标签的良好习惯。

3.2.3 <head>...</head>

HTML文档的头部部分是由<head>...</head>标签对实现的。前面提到的<head>和</head>标签对可以包含文档的标题（如<title>...</title>）、CSS样式规则（如<style>...</style>）等内容，如图3-12所示。

```
<html>
<head>
<meta charset="utf-8">
<title>无标题文档</title>
<style>
p{
color: white;
font-size: 30px;
background: skyblue;
width: 300px;
height: 50px;
</style>
</head>
<body>
</body>
</html>
```

图3-12

3.2.4　<body>...</body>

<body>...</body>是HTML文档的主体部分，包含表格（如<table>...</table>）、超链接（如<a href>...</a>）、换行（如
）等多个标签，如图3-13所示。<body>...</body>中所定义的文本和图像将通过浏览器显示出来。

```html
<html>
<head>
<title>无标题文档</title>
</head>

<body>
<table width="500" cellspacing="0" cellpadding="0">
  <tr>
    <td><a href="index.html"><img src="images/d1.jpg" width="500" height="130"  alt=""/></a></td>
  </tr>
</table>
</body>
</html>
```

图3-13

3.2.5　<title>...</title>

<title>...</title>标签包含的就是网页的标题，即浏览器顶部标题栏所显示的内容，如图3-14所示。将要显示的文字输入在<title>...</title>之间就可以了。

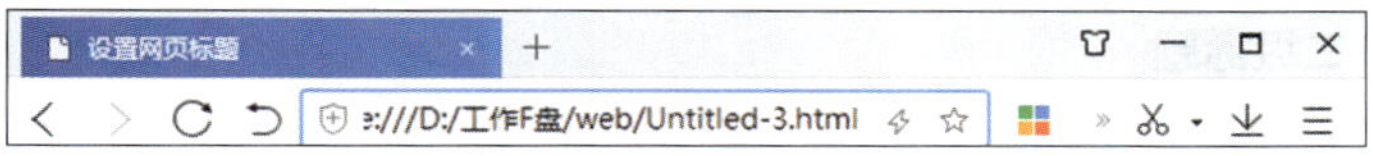

图3-14

提示

<title>...</title>必须位于<head>...</head>标签对之间，否则无效。

3.2.6　<hn>...</hn>

一般文章都有标题、副标题、章和节等结构，HTML中也提供了相应的标题标签<hn>，其中n为标题的等级。HTML总共提供了6个等级的标题，n越小，标题字号就越大。所有等级的标题格式如下所示：

```
<h1>...</h1>        第一级标题
<h2>...</h2>        第二级标题
<h3>...</h3>        第三级标题
<h4>...</h4>        第四级标题
<h5>...</h5>        第五级标题
<h6>...</h6>        第六级标题
```

请看如下的HTML代码：

```
<html>
<head>
<title> 标题示例 </title>
```

```
</head>
<body>
标题示例 <p>
<h1> 一级标题 </h1>
<h2> 二级标题 </h2>
<h3> 三级标题 </h3>
<h4> 四级标题 </h4>
<h5> 五级标题 </h5>
<h6> 六级标题 </h6>
</body>
</html>
```

　　将以上代码保存为HTML文件，然后使用浏览器打开该文件，显示效果如图3-15所示。可以看出，每一个标题的字体都被设置为加粗样式，内容文字的前后都添加了空行。

图3-15

3.2.7

　　在HTML语言规范里，每当浏览器窗口缩小时，浏览器会自动将右边的文字换至下一行。如果需要在特定位置换行，可以使用
换行标签。
为单标签，不管放在什么位置，都能够强制换行。需要注意的是，虽然
 标签在页面排版的时候很有用，但过度使用可能会导致网页结构混乱。

3.2.8 <p>...</p>

　　为了使文档在浏览器中显示时排列得整齐、清晰，在文字段落之间通常用<p>...</p>来进行标记。文件段落的开始由<p>来标记，结束由</p>来标记。标签</p>是可以省略的，因为下一个<p>的开始就意味着上一个<p>的结束。

　　<p>标签还有一个属性align，它用来指明字符显示时的对齐方式，一般有center、left、right这3种对齐方式。center表示居中显示文档内容，left表示靠左对齐显示文档内容，right则表示靠右对齐显示文档内容。

下面举例说明<p>标签的用法：

```
<html>
<head>
<title> 段落标签示例 </title>
</head>
<body>
<p align=center>
小池
<p align=left> 泉眼无声惜细流，
<p align=right> 树阴照水爱晴柔。
<p align=left> 小荷才露尖尖角，
<p align=right> 早有蜻蜓立上头。</p>
</body>
</html>
```

　　将这段代码保存为HTML文件（扩展名为.htm或.html），然后用IE浏览器打开它，显示效果如图3-16所示。

图3-16

3.2.9　<align=#>

　　使用align属性可以设置文字或图片的对齐方式，left表示靠左对齐，right表示靠右对齐，center表示居中对齐。其基本语法如下：

```
<div align=#>    (#=left/right/center)
```

请看以下示例代码：

```
<html>
<head>
<title> 位置控制 </title>
</head>
```

```
<body>
<div align=left>
靠左对齐！ <br>
<div align=right>
靠右对齐！ <br>
<div align=center>
居中对齐！ <br>
</body>
</html>
```

将以上代码保存为HTML文件，然后使用浏览器打开该文件，显示效果如图3-17所示。

图3-17

3.3 练习案例

通过前面的学习，相信大家对HTML已经有了一定的了解。下面通过两个练习案例帮助大家深入理解本章的知识。

3.3.1 练习案例——网页排版

案例说明如表3-3所示。

表3-3 网页排版

实例位置	实例文件→CH03→网页排版→网页排版.html
视频名称	练习案例：网页排版.mp4
技术掌握	HTML标题的使用

操作步骤如下。

① 打开记事本文档，输入以下HTML代码：

```
<html>
<head>
<title> 网页排版 </title>
</head>
<body>
网页排版 <p>
<h1> 饮湖上初晴后雨二首 · 其二 </h1>
<h2>[ 作者 ] 苏轼　[ 朝代 ] 宋 </h2>
<h3> 水光潋滟晴方好，山色空蒙雨亦奇。</h3>
<h3> 欲把西湖比西子，淡妆浓抹总相宜。</h3>
</body>
</html>
```

上述代码在记事本中的样式如图3-18所示。

② 在"记事本"文件中执行"文件→另存为"命令，打开"另存为"对话框；在"保存类型"下拉列表中选择"所有文件"，在"文件名"文本框中输入文件名以及扩展名（如网页排版.html），然后设置保存路径，就创建好了一个HTML文档，如图3-19所示。

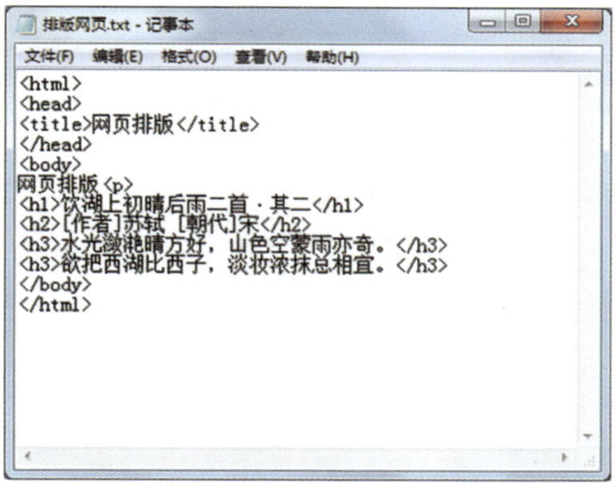

图3-18 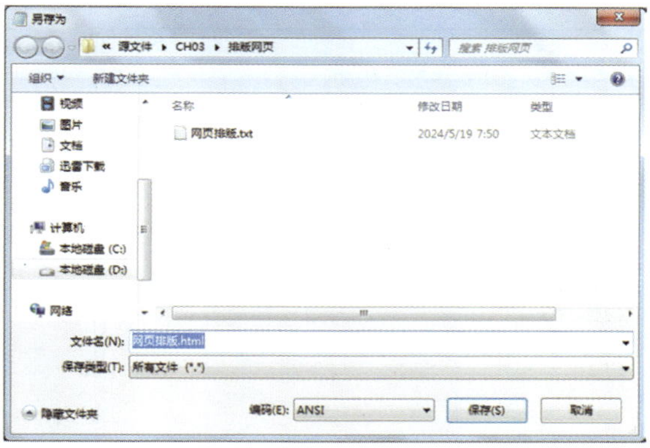　　　　　　　　　　　　　　图3-19

③ 打开该文件所在的目录，可以看到文件的图标已经变成了一个HTML文件。使用鼠标左键双击该文件，浏览器将显示此页面，如图3-20所示。

图3-20

3.3.2 练习案例——网页内容居中显示

案例说明如表3-4所示。

表3-4 网页内容居中显示

实例位置	实例文件→CH03→网页内容居中显示→网页内容居中显示.html
视频名称	练习案例：网页内容居中显示.mp4
技术掌握	网页内容居中显示的操作

操作步骤如下。

① 打开3.3.1小节练习案例中创建的记事本文档，将<title>网页排版</title>标签对之间的"网页排版"四个字修改为"网页内容居中显示"，这样就更改了浏览器中网页的标题。

② 在<h1>饮湖上初晴后雨二首·其二</h1>上方添加如下代码：

```
<div align=center>
```

上述代码在记事本中的样式如图3-21所示。

③ 将以上代码另存为HTML文件，然后使用浏览器打开该文件，显示效果如图3-22所示。

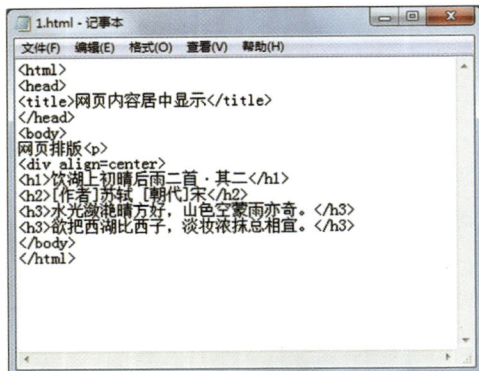

图3-21

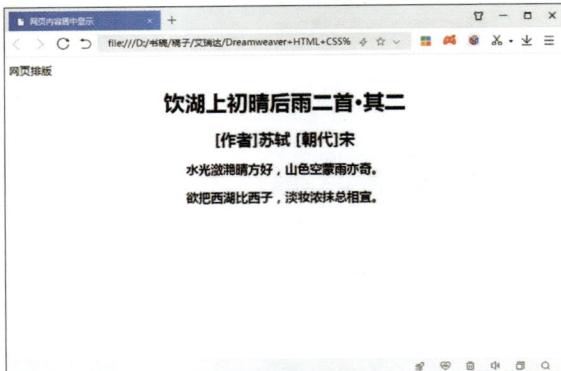

图3-22

第**4**章

第**4**章

创建HTML5网页中的文本与图像

本章导读

网页的基本对象包括文本、图像等，这些是构成整个网页的灵魂。有了这些基本对象，我们才能制作出或华丽、或大气、或细致的网页。本章主要向读者介绍在HTML5网页中创建文本与图像的方法。

本章学习任务

· 在网页中创建文本
· 调整文本
· 插入并设置水平线
· 在网页中插入图像

4.1 网页中的文本

网页中的文本构成了整个网页的灵魂，文本的基本编辑操作是制作网页时必须掌握的基本内容。

4.1.1 课堂案例——输入文本并设置颜色

案例说明如表4-1所示。

表4-1 输入文本并设置颜色

实例位置	实例文件→CH04→输入文本并设置颜色→输入文本并设置颜色.html
视频名称	操作练习：输入文本并设置颜色.mp4
技术掌握	输入文本并设置颜色的方法

操作步骤如下。

① 新建一个记事本文档，在文档中输入以下代码：

```
<html>
<head>
<title> 无标题文档 </title>
</head>
<body>
<center>
<font color=Black> 泊船瓜洲 </font><br>
<font color=Red> 京口瓜洲一水间，</font> <br>
<font color=#00FFFF> 钟山只隔数重山。</font><br>
<font color=#Green> 春风又绿江南岸，</font><br>
<font color=#800000> 明月何时照我还？</font> <br>
</center>
</body>
</html>
```

微课视频

提示

在<body>和</body>标签对之间输入的文字就是要显示在网页中的文本；而位于<font>...</font>标签对之间的内容，则用于设置文字的颜色。

② 将代码另存为网页文件，使用浏览器打开该文件，显示效果如图4-1所示。

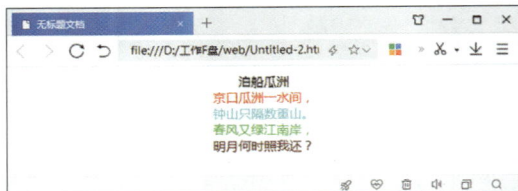

图4-1

4.1.2　设置文字字号

<font>...</font>标签主要用来设置文字的属性，如字号、字体、文字颜色等。

<font>标签有一个属性size，用于设置字号大小，其有效值范围为1~7，其中默认值为3。此外，还可以在size属性值之前加上 + 、 - 字符，来指定相对于字号初始值的增量或减量。

请看以下示例代码：

```
<html>
<head>
<title>设置字号的 font 标签 </title>
</head>
<body>
<font size=7>这是 size=7 的字体 </font><p>
<font size=6>这是 size=6 的字体 </font><p>
<font size=5>这是 size=5 的字体 </font><p>
<font size=4>这是 size=4 的字体 </font><p>
<font size=3>这是 size=3 的字体 </font><p>
<font size=2>这是 size=2 的字体 </font><p>
<font size=1>这是 size=1 的字体 </font><p>
<font size=-1>这是 size=-1 的字体 </font><p>
</body>
</html>
```

将以上代码保存为HTML文件，然后使用浏览器打开该文件，显示效果如图4-2所示。

图4-2

4.1.3　设置文字的字体与样式

<font>标签有一个属性face，用于设置文字的字体。face属性的值可以是任意字体类型，但只有对方的计算机中装有相同的字体时，才可以在他的浏览器中显示出预先设计的字体风格。

face属性的语法如下：

```
<font face=" 字体 ">
```

请看以下的示例代码：

```
<html>
```

```
<head>
<title>设置字体</title>
</head>
<body>
<center>
<font face=" 楷体_GB2312">制作网页</font><p>
<font face=" 宋体 ">制作网页</font><p>
<font face=" 仿宋_GB2312">制作网页</font><p>
<font face=" 黑体 ">制作网页</font><p>
<font face="Arial">Creating web pages</font><p>
<font face="Times New Roman">Creating web pages</font><p>
</center>
</body>
</html>
```

将以上代码保存为HTML5文件，然后使用浏览器打开该文件，显示效果如图4-3所示。

图4-3

为了让文字富有变化，或为了着重突出某些部分，HTML5提供了一些标签来实现这些效果。现将常用的标签列举如下。

· <B>…</B>：将字体显示为粗体。

· <I>…</I>：将字体显示为斜体。

· <U>…</U>：将字体显示为加下画线。

· <TT>…</TT>：将字体显示为等宽字体（类似打字机字体）。

· <BIG>…</BIG>：用于增大文字的显示尺寸。

· <SMALL>…</SMALL>：用于将文字缩小显示。

· <BLINK>…</BLINK>：将字体显示为闪烁效果。

· <EM>…</EM>：强调，一般为斜体。

· <STRONG>…</STRONG>：特别强调，一般为粗体。

· <CITE>…</CITE>：用于引证、举例，一般为斜体。

请看以下示例代码：

```
<html>
<head>
<title>字体样式</title>
</head>
<body>
```

```
<B> 黑体字 </B>
<p> <I> 斜体字 </I>
<p> <U> 加下画线 </U>
<p> <BIG> 大型字体 </BIG>
<p> <SMALL> 小型字体 </SMALL>
<p> <BLINK> 闪烁效果 </BLINK>
<p><EM>Welcome</EM>
<p><STRONG>Welcome</STRONG>
<p><CITE>Welcome</CITE></p>
</body>
</html>
```

将以上代码保存为HTML5文件，然后使用浏览器打开该文件，显示效果如图4-4所示。

图4-4

4.1.4　设置字体的颜色

<font>标签有一个属性color，用于调整文字的颜色。color属性的语法如下：

```
<font color=value>...</font>
```

这里的颜色值可以是一个以十六进制数（用#作为前缀）形式表示的色标值，也可以是下面16种颜色的名称：
- Black=#000000。
- Green=#008000。
- Silver=#C0C0C0。
- Lime=#00FF00。
- Gray=#808080。
- Olive=#808000。
- White=#FFFFFF。
- Yellow=#FFFF00。
- Maroon=#800000。
- Navy=#000080。
- Red=#FF0000。
- Blue=#0000FF。
- Purple=#800080。
- Teal=#008080。

- Fuchsia=#FF00FF。
- Aqua=#00FFFF。

请看以下示例代码：

```
<html>
<head>
<title> 字体的颜色 </title>
</head>
<body>
<center>
<font color=Black> 各种颜色的字体 </font><br>
<font color=Red> 各种颜色的字体 </font><br>
<font color=#00FFFF> 各种颜色的字体 </font><br>
<font color=#FFFF00> 各种颜色的字体 </font><br>
<font color=#800000> 各种颜色的字体 </font><br>
<font color=#00FF00> 各种颜色的字体 </font><br>
<font color=#C0C0C0> 各种颜色的字体 </font><br>
</center>
</body>
</html>
```

将以上代码保存为HTML5文件，然后使用浏览器打开该文件，显示效果如图4-5所示。

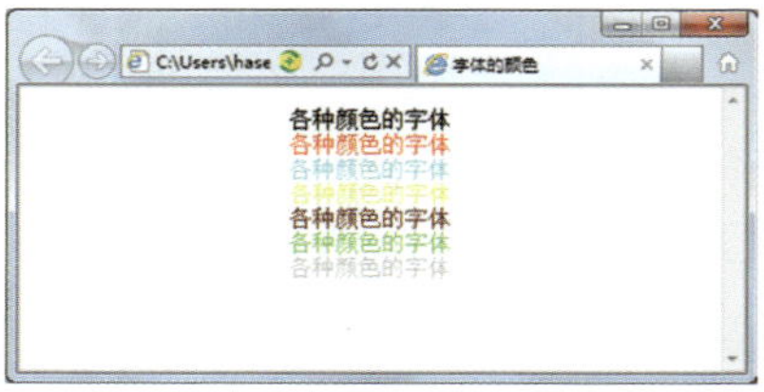

图4-5

4.1.5　文本的上标和下标

在HTML5文档中，<sup>/<sup>标签可定义上标文本，如$2O^{2-}$（在HTML代码中则需要写成2O²⁻），标签可定义下标文本，如$H2O$（在HTML代码中则需要写成H₂O）。

请看以下示例代码：

```
<html>
<head>
  <meta charset="UTF-8">
  <title>上标和下标文本</title>
</head>
<body>
    <p>c = a<sup>2</sup> + b<sup>2</sup></p>
    <p>2H<sub>2</sub> + O<sub>2</sub> </p>
```

```
</body>
</html>
```

将以上代码保存为HTML文件，然后使用浏览器打开该文件，显示效果如图4-6所示。

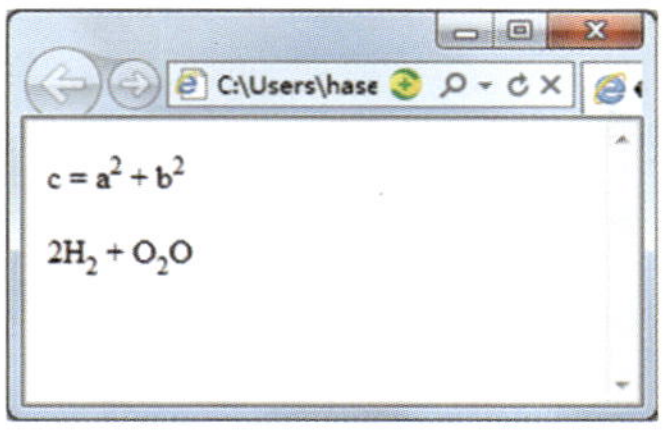

$$c = a^2 + b^2$$

$$2H_2 + O_2O$$

图4-6

4.1.6　插入特殊字符

在HTML中，插入特殊字符通常需要使用HTML实体（HTML Entities）。HTML实体是特殊的字符串，用于表示预留的字符（如小于号 <、大于号 >）或无法在HTML键盘上直接键入的字符（如版权符号 ©）。

以下是一些常见的HTML实体及其对应的特殊字符。

· < 用于表示小于号 <。
· > 用于表示大于号 >。
· &用于表示和号 &。
· "用于表示双引号 "。
· '用于表示单引号 '。
· ©用于表示版权符号 ©。
· ®用于表示注册商标符号 ®。
· ™用于表示商标符号 TM。
· 用于表示非断行空格。
· ¢ 用于表示分（货币符号）¢。
· £用于表示英镑符号 £。
· ¥用于表示日元符号 ¥。
· €用于表示欧元符号 €。

提示 🔊

如果读者需要在HTML中显示一个小于号 <，不能直接写 <，因为它会被浏览器解释为HTML标签的开始。这种情况下应该写为<。

下面是一个HTML代码示例，展示了如何使用这些实体：

```
<html>
<head>
    <title>HTML Entities Example</title>
</head>
<body>
    <p>小于号是 &lt; 大于号是 &gt;</p>
```

```
    <p>版权符号是 &copy;</p>
    <p>商标符号是 &trade;</p>
    <p>英镑符号是 &pound; </p>
</body>
</html>
```

将以上代码保存为HTML文件，然后使用浏览器打开该文件，显示效果如图4-7所示。

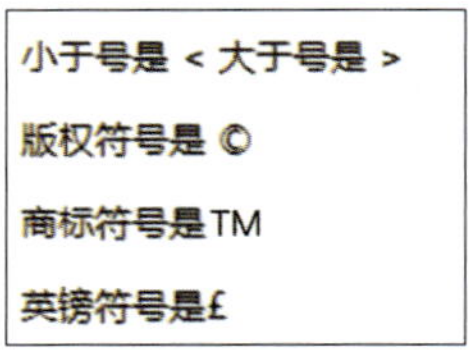

小于号是 < 大于号是 >

版权符号是 ©

商标符号是TM

英镑符号是£

图4-7

4.1.7　列表

在HTML中可以使用两种主要的列表类型来组织内容：无序列表（Unordered List）和有序列表（Ordered List）。下面介绍它们的添加方法。

1. 无序列表

无序列表使用<ul>...</ul>标签对来定义，每一个列表项前使用<li>来标记，其基本语法结构如下：

```
<ul>
    <li>第一项 </li>
    <li>第二项 </li>
    <li>第三项 </li>
</ul>
```

请看以下示例代码：

```
<html>
<head>
<title>无序列表 </title>
</head>
<body>
这是一个无序列表: <p>
<ul>
    <li>苹果 </li>
    <li>香蕉 </li>
    <li>橙子 </li>
    <li>西瓜 </li>
</ul>
</body>
</html>
```

将以上代码保存为HTML文件，然后使用浏览器打开该文件，显示效果如图4-8所示。

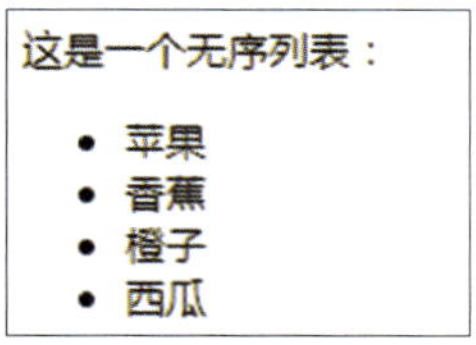

图4-8

2．有序列表

有序列表和无序列表的使用方法基本相同。有序列表使用标签对<ol>...</ol>来定义，每一个列表项前使用<li>来标记。这些列表项有前后顺序之分，多数用数字表示，其基本语法如下所示：

```
<ol>
  <li> 第一项 </li>
  <li> 第二项 </li>
  <li> 第三项 </li>
</ol>
```

请看以下示例代码：

```
<html>
<head>
<title> 有序列表 </title>
</head>
<body>
这是一个有序列表: <p>
<ol>
国际互联网提供的服务有:
  <li>WWW 服务
  <li> 文件传输服务
  <li> 电子邮件服务
  <li> 远程登录服务
  <li> 其他服务
</ol>
</body>
</html>
```

将以上代码保存为HTML文件，然后使用浏览器打开该文件，显示效果如图4-9所示。

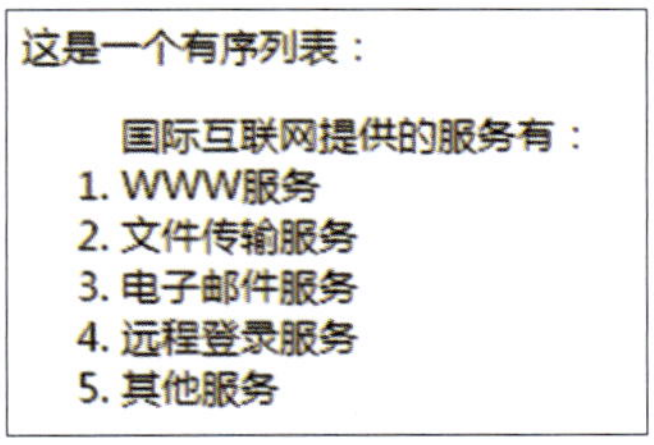

图4-9

3．列表项中的嵌套列表

HTML还可以在列表项中嵌套另一个列表，通常用于表示层次结构或分类。

请看以下示例代码：

```
<html>
<head>
<title>列表嵌套</title>
</head>
<body>
<ul>
  <li>水果
    <ul>
      <li>苹果</li>
      <li>香蕉</li>
      <li>橙子</li>
    </ul>
  </li>
  <li>蔬菜
    <ul>
      <li>胡萝卜</li>
      <li>菠菜</li>
    </ul>
  </li>
</ul>
</body>
</html>
```

将以上代码保存为HTML文件，然后使用浏览器打开该文件，显示效果如图4-10所示。

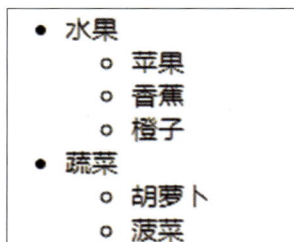

- 水果
  - 苹果
  - 香蕉
  - 橙子
- 蔬菜
  - 胡萝卜
  - 菠菜

图4-10

4.2 水平线

水平线可以使网页中的信息看起来更清晰。在页面上使用一条或多条水平线，可以以可视方式分隔文本和其他元素。

4.2.1 课堂案例——在网页中插入水平线 🔍

案例说明如表4-2所示。

表4-2　在网页中插入水平线

实例位置	实例文件→CH04→在网页中插入水平线→在网页中插入水平线.html
视频名称	操作练习：在网页中插入水平线.mp4
技术掌握	学习制作水平线的方法

操作步骤如下。

① 新建一个记事本文档，在文档中输入以下代码。

```html
<html>
<head>
<title>无标题文档</title>
</head>
<body>
<p>两个黄鹂鸣翠柳，一行白鹭上青天。<br>
<hr>
<p>窗含西岭千秋雪，门泊东吴万里船。<br>
</body>
</html>
```

微课视频

② 在"记事本"文件中执行"文件→另存为"命令，打开"另存为"对话框；在"保存类型"下拉列表中选择"所有文件"，在"文件名"文本框中输入文件名以及扩展名"在网页中插入水平线.html"，如图4-11所示。

③ 使用浏览器打开该文件，显示效果如图4-12所示。

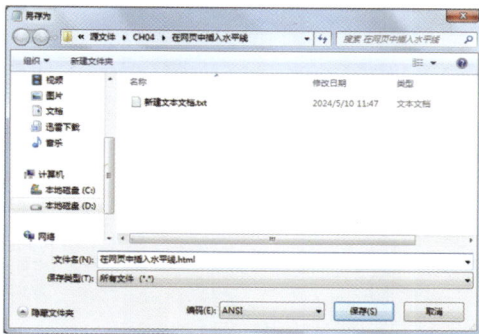

图4-11

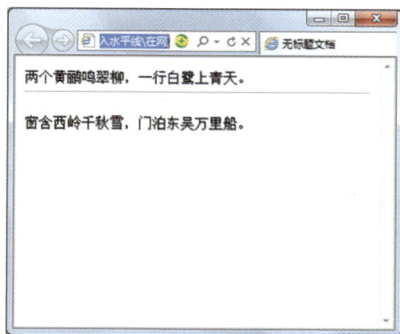

图4-12

4.2.2　水平线标签<hr>

水平线标签<hr>可以在屏幕上显示一条水平线，用来分割页面中的不同部分。<hr>也是单标签。<hr>有4个属性，分别是size、width、align和noshade，具体含义如下。

· size：用于设置水平线的宽度。

· width：用于设置水平线的长度，用占屏幕宽度的百分比或像素值来表示。

· align：用于设置水平线的对齐方式，有left、right、center三种模式。

· noshade：表示线段无阴影属性，为实心线段。

1. 线段粗细的设定

HTML代码如下：

```
<html>
<head>
<title> 线段粗细的设定 </title>
</head>
<body>
<p> 这是第一条线段，无 size 设定，取默认值 size=1 来显示 <br>
<hr>
<p> 这是第二条线段，size=6<br>
<hr size=6>
<p> 这是第三条线段，size=12<br>
<hr size=12>
</body>
</html>
```

将以上代码保存为HTML文件，然后使用浏览器打开，显示效果如图4-13所示。

2. 线段长度的设定

HTML代码如下：

```
<html>
<head>
<title> 线段长度的设定 </title>
</head>
<body>
<p> 这是第一条线段，无 width 设定，取 width 默认值 100% 来显示 <br>
<hr size=3>
<p> 这是第二条线段，width=60（像素方式）<br>
<hr width=60 size=5>
<p> 这是第三条线段，width=50%（百分比方式）<br>
<hr width=50% size=8>
</body>
</html>
```

将以上代码保存为HTML文件，然后使用浏览器打开，显示效果如图4-14所示。

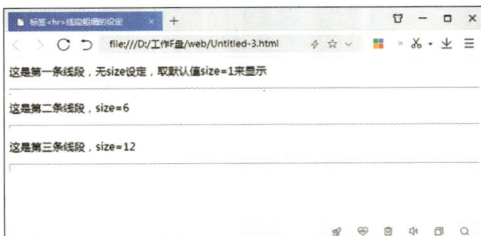

图4-13

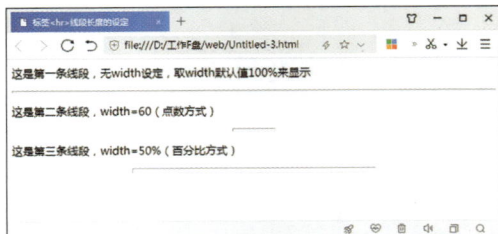

图4-14

3. 线段排列的设定

HTML代码如下：

```
<html>
<head>
```

```
<title> 线段排列的设定 </title>
</head>
<body>
<p> 这是第一条线段，无 align 设定，取默认值 center（居中）进行显示 <br>
<hr width=50% size=1>
<p> 这是第二条线段，向左对齐 <br>
<hr width=60% size=8 align=left>
<p> 这是第三条线段，向右对齐 <br>
<hr width=80% size=3 align=right>
</body>
</html>
```

将以上代码保存为HTML文件，然后使用浏览器打开，显示效果如图4-15所示。

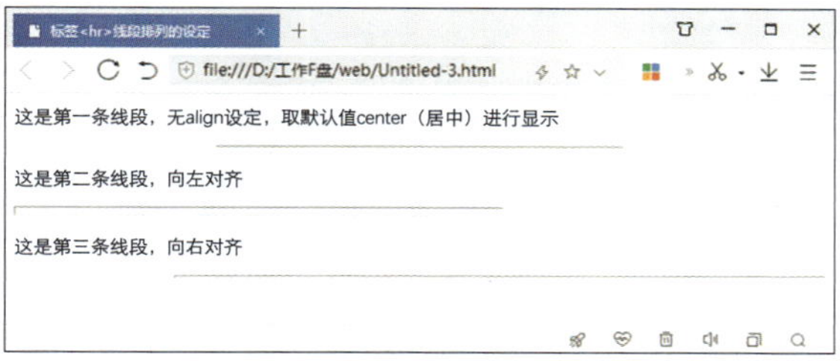

图4-15

4.3　网页中的图像

超文本之所以如此受人们青睐，很重要的一个原因是它能支持多媒体的特性，如图像、声音等。下面介绍如何在一个页面中插入图像。

4.3.1　课堂案例——在网页中插入图像

案例说明如表4-3所示。

表4-3　在网页中插入图像

实例位置	实例文件→CH04→在网页中插入图像→在网页中插入图像.html
素材位置	素材文件→CH04→tu.jpg
视频名称	操作练习：在网页中插入图像.mp4
技术掌握	学习插入图像的方法

操作步骤如下。

① 新建一个记事本文档，在文档中输入以下代码：

```
<html>
<head>
<title> 在网页中插入图像 </title>
</head>
<body>
```

微课视频

```
    </body>
    </html>
```

② 在<body>与</body>标签之间输入如下代码。

```
    <img src="images/tu.jpg">
```

提示 🔊▶

　　<img src=" ">标签中的" "内就是要插入图像的地址和名称。本例中表示插入的是images文件夹中的名为tu的JPG格式的图像。

③ 将以上代码保存为HTML文件，用浏览器打开该文件，显示效果如图4-16所示。

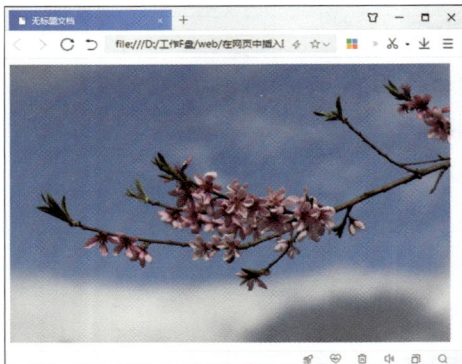

图4-16

4.3.2 图像的基本格式

　　图片为我们带来了丰富的色彩和强烈的视觉冲击力，也是网页的装饰与点缀。合理利用图片，会给人们带来美的享受。如果网页中没有图片，只有纯文字，那页面该是多么单调。图片有多种格式，包括JPG、BMP、TIF、GIF、PNG等。互联网上广泛使用JPG和GIF两种格式，因为它们具有高压缩比例的优点，而且各个操作系统都可使用。

　　下面简单介绍一下常用的图像格式。

1. GIF

　　GIF格式使图像文件的体积大大缩小，并基本保持图像的原貌。为方便传输，在制作主页时一般都采用GIF格式的图片。此种格式的图像文件最多可以显示256种颜色，在网页制作中特别适用于显示那些色彩连续或大部分区域色调一致的图像。此外，还可将GIF格式的图像设置为透明背景，作为预显示图像或在网页页面上移动的图像。

2. JPG

　　JPG是在Internet上被广泛采用的图像格式，它是一种以损失质量为代价的压缩方式，压缩比越高，图像质量损失越大，适用于一些色彩比较丰富的照片以及24位图像。这种格式的图像文件能够保存数百万种颜色，适用于保存那些具有连续色调的图像。

3. PNG

　　PNG格式的图像文件可以完全替换GIF文件，而且无专利限制，非常适合Adobe公司的Fireworks图像处理软件。它能够保存图像中最初的图层、颜色等信息。

目前，各种浏览器对JPG和GIF图像格式的支持情况最好。由于PNG文件较小，并且具有较大的灵活性，所以它非常适合用作网页图像。但是，某些浏览器版本不支持PNG格式，因此，它在网页中的使用受到一定程度的限制。除非特别必要，在网页中一般都使用JPG或GIF格式的图像。

4.3.3　设置图像属性

插入图像的标签是<img>，其基本语法如下。

```
<img src=" 图形文件地址 ">
```

src属性指明了所要链接的图像文件的地址。这个图像文件可以是本地计算机上的图像，也可以是位于远程服务器上的图像。地址的表示方法与超链接中URL地址的表示方法相同。例如，要引用本地计算机上images文件夹下的123.jpg图像，地址可以表示为<img src="images/123.jpg">。

img还有两个属性：height和width，分别表示图像的高度和宽度。使用这两个属性可以改变图像的大小。如果没有设置图像大小，则图像按照原始大小显示。具体示例如下：

```
<html>
<head>
<title>设置图像</title>
</head>
<body>
<img src="xiaochuan.jpg">
</body>
</html>
```

将以上代码保存为HTML文件，使用浏览器打开后，显示效果如图4-17所示。

设置height和width属性的代码如下所示。

```
<html>
<head>
<title>设置图像</title>
</head>
<body>
<img src="xiaochuan.jpg"width="500"height="400">
</body>
</html>
```

将以上代码保存为HTML文件，使用浏览器打开后，显示效果如图4-18所示。

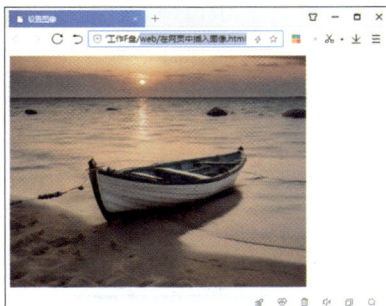

图4-17　　　　　　　　　　　　　　　图4-18

4.3.4 设置图像与网页文字的对齐方式

<img>标签中的align属性用于设置图文的对齐方式，主要有以下几种对齐方式。

· align=top：表示图像与文本的顶部对齐。

· align=middle：表示图像与文本的中央对齐。

· align=bottom：表示图像与文本的底部对齐。

· align=texttop：图像与文本行的顶线对齐。

· align=baseline：图像与文本的基线对齐。

· align=left：图像靠左对齐，文本环绕在图像右侧。

· align=right：图像靠右对齐，文本环绕在图像左侧。

下面分别举例说明图像与文本的各种对齐方式。

1. 图像与文本的顶部对齐

请看以下示例代码。

```html
<html>
<head>
<title>图像与文本的顶部对齐</title>
</head>
<body>
<img src="images/kf.jpg" align=top>清晨的咖啡
</body>
</html>
```

将以上代码保存为HTML文件，使用浏览器打开后，显示效果如图4-19所示。

2. 图像与文本的中央对齐

请看以下示例代码。

```html
<html>
<head>
<title>图像与文本的中央对齐</title>
</head>
<body>
<img src="images/kf.jpg" align=middle>清晨的咖啡
</body>
</html>
```

将以上代码保存为HTML文件，使用浏览器打开后，显示效果如图4-20所示。

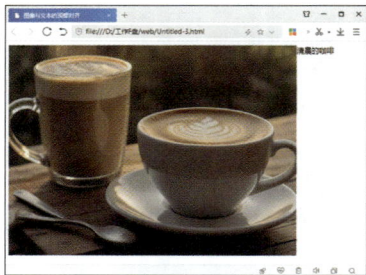

图4-19

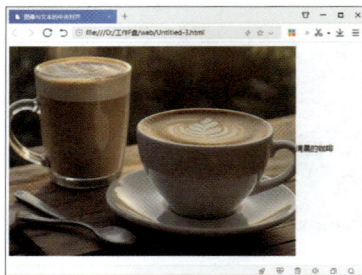

图4-20

3. 图像与文本的底部对齐

请看以下示例代码。

```
<html>
<head>
<title> 图像与文本的底部对齐 </title>
</head>
<body>
<img src="images/kf.jpg"align =bottom> 清晨的咖啡
</body>
</html>
```

将以上代码保存为HTML文件，使用浏览器打开后，显示效果如图4-21所示。

4. 图像与文本行的顶线对齐

请看以下示例代码。

```
<html>
<head>
<title> 图像与文本行的顶线对齐 </title>
</head>
<body>
<img src="images/kf.jpg"align =texttop> 清晨的咖啡
</body>
</html>
```

将以上代码保存为HTML文件，使用浏览器打开后，显示效果如图4-22所示。

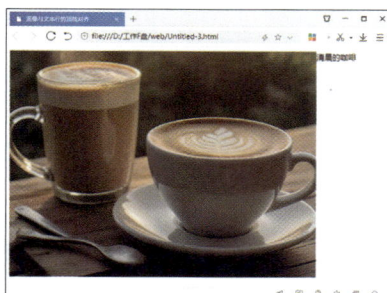

图4-21　　　　　　　　　　　　　　　　　　图4-22

5. 图像与文本的基线对齐

请看以下示例代码。

```
<html>
<head>
<title> 图像与文本的基线对齐 </title>
</head>
<body>
<img src="images/kf.jpg"align=baseline> 清晨的咖啡
</body>
</html>
```

将以上代码保存为HTML文件，使用浏览器打开后，显示效果如图4-23所示。

6. 图像靠左对齐

请看以下示例代码。

```
<html>
<head>
<title> 图像靠左对齐 </title>
</head>
<body>
<img src="images/kf.jpg"align=left> 清晨的咖啡，提神醒脑，让人充满干劲。
</body>
</html>
```

将以上代码保存为HTML文件，使用浏览器打开后，显示效果如图4-24所示。

图4-23

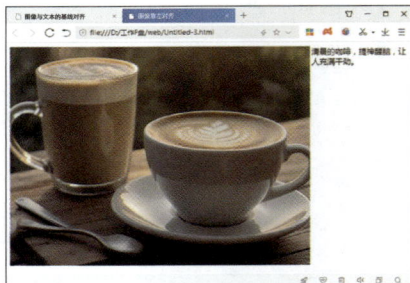

图4-24

7. 图像靠右对齐

请看以下示例代码。

```
<html>
<head>
<title> 图像靠右对齐 </title>
</head>
<body>
<img src="images/kf.jpg"align=right> 清晨的咖啡，提神醒脑，让人充满干劲。
</body>
</html>
```

将以上代码保存为HTML文件，使用浏览器打开后，显示效果如图4-25所示。

4.3.5　设置图像与文字之间的距离

在HTML5文件中，图像水平位置的距离可以通过hspace属性来设置，图像垂直位置的距离可通过vspace属性来设置。

关于hspace属性的设置，请看以下示例代码。

```
<html>
<head>
<title> 图像的水平距离设置 </title>
```

```
</head>
<body>
<img src="images/kf.jpg"hspace=80> 清晨的咖啡
</body>
</html>
```

将以上代码保存为HTML文件，使用浏览器打开后，显示效果如图4-26所示。

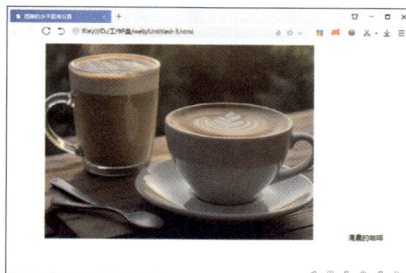

图4-25　　　　　　　　　　　　　　　图4-26

关于vspace属性的设置，请看以下示例代码：

```
<html>
<head>
<title> 图像的垂直距离设置 </title>
</head>
<body>
<img src="images/kf.jpg"vspace=80> 清晨的咖啡
</body>
</html>
```

将以上代码保存为HTML文件，使用浏览器打开后，显示效果如图4-27所示。

4.3.6　图形按钮（图像链接）

图形按钮是一种用户界面元素，用户通过单击该按钮上的图像，可以链接到某个地址。这与超链接的作用相同，其基本语法如下。

```
<a href=" 资源地址 "><img src=" 图形文件地址 "></a>
```

请看以下示例代码：

```
<html>
<head>
<title> 图像的链接 </title>
</head>
<body>
<a href=https://www.shuyishe.com><img src="images/txlj.jpg"></a>
</body>
</html>
```

将以上代码保存为HTML文件，使用浏览器打开后，显示效果如图4-28所示。

图4-27

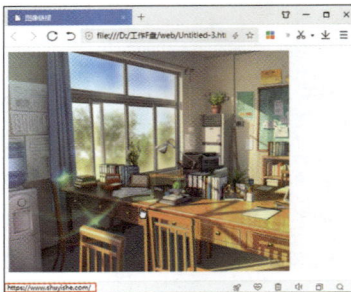

图4-28

提示 🔊▶

当网页中的鼠标光标变为手型，且浏览器下方显示出链接地址时，说明图像链接成功。

4.4 练习案例

通过前面内容的学习，相信大家对HTML5网页中文本与图像的设置方法已经有了初步的了解。下面通过两个练习案例来加强理解。

4.4.1 练习案例——将图像设置为网页背景

案例说明如表4-4所示。

表4-4 将图像设置为网页背景

实例位置	实例文件→CH04→将图像设置为网页背景→将图像设置为网页背景.html
素材位置	素材文件→CH04→bj1.jpg
视频名称	练习案例：将图像设置为网页背景.mp4
技术掌握	设置网页背景图像并添加文本的操作方法

操作步骤如下。

① 新建一个记事本文档，在文档中输入以下代码。

```
<html>
<head>
<title>设置网页背景图像</title>
<body background="images/bj1.jpg">
</body>
</head>
<body>
</body>
</html>
```

微课视频

提示 🔊▶

代码<body background=" "></body>中的" "内就是要设置为背景的图像的地址和名称。

② 在背景图像上添加文本"进入网站"，完整代码如下：

```
<html>
<head>
<title>设置网页背景图像</title>
<body background="images/bj1.jpg"style="text-align: center; font-size:
46px; color: #FFF; font-family: 黑体 ;">
<p> </p>
<p> 进入网站 </p>
</body>
</head>
<body>
</body>
</html>
```

③ 将以上代码保存为HTML文件，使用浏览器打开文件后，显示效果如图4-29所示。

图4-29

4.4.2 练习案例——金鱼喂养问答网页

案例说明如表4-5所示。

表4-5　金鱼喂养问答网页

实例位置	实例文件→CH04→金鱼喂养问答网页→金鱼喂养问答网页.html
视频名称	练习案例：金鱼喂养问答网页.mp4
技术掌握	使用HTML5插入图像并输入文字

操作步骤如下。

① 在网页中插入名为jy.jpg的图像，代码如下。

微课视频

```
<html>
<head>
<title>金鱼喂养问答网页 </title>
</head>
<body>
<img src="images/jy.jpg">
```

```
</body>
</html>
```

② 在网页中输入文字并对文字进行排版，在<img src="images/mr.jpg">下方输入以下代码。

```
<ul>
   <li><u style="font-size: 16px; font-family:' 微软雅黑 '; font-weight:
   bold; color: #80C874;"> 家养金鱼应该多久喂一次食？ </u></li>
</ul>
<p><span style="font-size: 14px">   家养的金鱼可以一天喂1~3次。
具体一天喂几次，要根据它们生长发育的阶段来决定。如果金鱼处在幼年阶段，饲养者可以一天
给它们喂2次；气温比较高的时候，可以选择一天喂3次。</span></p>
<ul>
   <li><u style="font-size: 16px; font-family:' 微软雅黑 '; font-weight:
   bold; color: #80C874;"> 金鱼喂食的量应该如何控制？ </u></li>
</ul>
</ul>
<span style="font-size: 14px">    金鱼喂食的量应该根据金鱼
的生长阶段和气温等因素来控制。一般来说，金鱼喂食到七分饱就可以了，不要过度喂食，以
免对金鱼的健康造成影响。同时，在气温较高的时候，金鱼会比较活跃，食量会大一些，可以
适当增加喂食量；在气温较低的时候，金鱼的活跃度会变低，所以食量也会变低，可以适当减少
喂食量。
<ul>
   <li><u style="font-size: 16px; font-family: ' 微软雅黑 '; font-weight:
   bold; color: #80C874;"> 喂食金鱼时应该注意什么？ </u></li>
</ul>
<ol>
   <li> 喂食金鱼时应该少量多次，每次喂食可以保持在 6 分钟左右，让金鱼有足够的时间去进
   食和消化 。</li>
   <li> 如果金鱼在喂食后食物还有剩余，应该及时捞出来，以免剩余的食物在水中变质，影响
   水质。 </li>
   <li> 如果给金鱼喂食活食（如红虫等），最好在喂食前进行消毒处理，以防对金鱼造成感染。
</ol>
```

③ 保存文件并浏览，效果如图4-30所示。

图4-30

第 **5** 章

创建HTML5网页中的表格与表单

本章导读

表格作为传统的HTML元素，一直深受网页设计者们的青睐。使用表格不仅可以制作简洁美观的数据表，还可以用来进行网页布局，是一种非常实用的工具。表单在网页中也占有重要地位，常用于登录、注册、网站调查表等场景。本章主要向读者介绍在HTML5网页中创建表格与表单的方法。

本章学习任务

· 创建表格
· 设置表格元素
· 插入表单
· 插入表单对象

5.1 表格

本节介绍HTML5表格的基础知识。

5.1.1 课堂案例——创建网页中的表格

案例说明如表5-1所示。

表5-1　创建网页中的表格

实例位置	实例文件→CH05→创建网页中的表格→创建网页中的表格.html
视频名称	操作练习：创建网页中的表格.mp4
技术掌握	创建表格的方法

操作步骤如下。

① 新建一个记事本文档，在文档中输入以下代码。

微课视频

```html
<html>
<head>
<title>创建表格</title>
</head>
<body>
<table width="400" border="1">
  <tr>
    <td> </td>
    <td> </td>
    <td> </td>
    <td> </td>
  </tr>
  <tr>
    <td> </td>
    <td> </td>
    <td> </td>
    <td> </td>
  </tr>
  <tr>
    <td> </td>
    <td> </td>
    <td> </td>
    <td> </td>
  </tr>
</table>
</body>
</html>
```

② 将以上代码保存为HTML文件，即创建了一个简单的3行4列的表格，如图5-1所示。

③ 在表格的单元格中输入文字，完整代码如下。

```html
<html>
<head>
<title> 创建表格 </title>
</head>
<body>
<table width="400" border="1">
  <tr>
    <td> 姓名 </td>
    <td> 年龄 </td>
    <td> 性别 </td>
    <td> 学历 </td>
  </tr>
  <tr>
    <td> 张华 </td>
    <td>36</td>
    <td> 女 </td>
    <td> 硕士 </td>
  </tr>
  <tr>
    <td> 刘伟 </td>
    <td>41</td>
    <td> 男 </td>
    <td> 本科 </td>
  </tr>
</table>
</body>
</html>
```

④ 将以上代码保存为HTML文件。可以看到单元格中已经输入了文字，如图5-2所示。

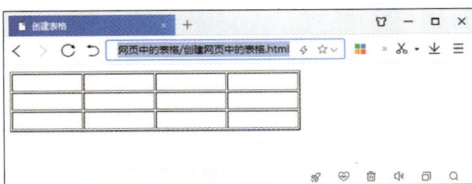

图5-1

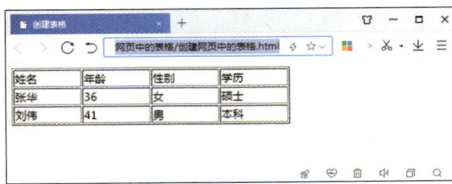

图5-2

5.1.2　表格的标题

表格标题的位置可通过align属性来设置，可以选择将表格标题放在表格上方或下方。以下是表格标题位置的设置格式。

　　① 设置标题位于表格上方：<caption align=top>...</caption>。

　　② 设置标题位于表格下方：<caption align=bottom>...</caption>。

1. 设置标题位于表格上方

设置标题位于表格上方的代码如下。

```
<html>
<head>
<title>设置标题位于表格上方</title>
</head>
<body>
<table border>
<caption align=top>
工作人员
</caption>
<tr>
<th>姓名</th>
<td>张华</td>
<td>李丽</td>
<td>高强</td>
<tr>
<th>性别</th>
<td>女</td>
<td>女</td>
<td>男</td>
</table>
</body>
</html>
```

将以上代码保存为HTML文件，然后使用浏览器打开，显示效果如图5-3所示。

2. 设置标题位于表格下方

设置标题位于表格下方的代码如下。

```
<html>
<head>
<title>设置标题位于表格下方</title>
</head>
<body>
<table border>
<caption align=bottom>
工作人员
</caption>
<tr>
<th>姓名</th>
<td>张华</td>
<td>李丽</td>
<td>高强</td>
<tr>
<th>性别</th>
```

```
<td> 女 </td>
<td> 女 </td>
<td> 男 </td>
</table>
</body>
</html>
```

将以上代码保存为HTML文件，然后使用浏览器打开，显示效果如图5-4所示。

图5-3

图5-4

5.1.3　表格的尺寸

一般情况下，表格的总长度和总宽度是根据各行和各列的总和自动调整的。如果要直接固定表格的大小，可以使用如下基本语法。

```
<table width=n1 height=n2>
```

其中，width和height属性分别为表格指定一个固定的宽度和高度；n1和n2可以用像素值来表示，也可以用百分比（占整个屏幕的大小比例）来表示。

例如，一个高度为600像素、宽度为500像素的表格用代码可表示为\<table width="500" height="600">；一个宽度为屏幕的20%、高度为屏幕的10%的表格用代码可表示为\<table width=20% height=10%>。

5.1.4　表格的边框尺寸

表格边框的设置是通过border属性来实现的，它决定了表格边框的厚度和样式。将border设置成不同的值，则会有不同的效果。

例如，以下代码表示将表格边框的厚度设置为10像素。

```
<html>
<head>
<title> 表格的边框尺寸 01</title>
</head>
<body>
<table border=10 width=250>
<caption> 工作人员 </caption>
<tr><th> 姓名 </th><th> 性别 </th><th> 年龄 </th>
<tr><td> 张华 </td><td> 女 </td><td>36</td>
</table>
</body>
</html>
```

将以上代码保存为HTML文件，然后使用浏览器打开，显示效果如图5-5所示。

对代码做一些调整，将表格边框的厚度设置为1像素，代码如下所示。

```
<html>
<head>
<title> 表格的边框尺寸 01</title>
</head>
<body>
<table border=1 width=250>
<caption> 工作人员 </caption>
<tr><th> 姓名 </th><th> 性别 </th><th> 年龄 </th>
<tr><td> 张华 </td><td> 女 </td><td>36</td>
</table>
</body>
</html>
```

将以上代码保存为HTML文件，然后使用浏览器打开，显示效果如图5-6所示。

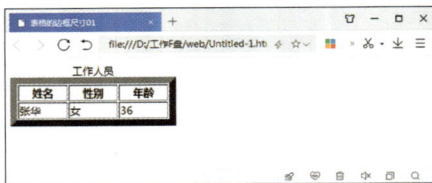

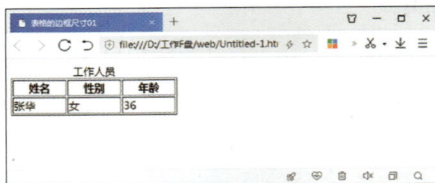

图5-5   图5-6

再次对代码进行调整，将表格边框的厚度设置为0，具体如下。

```
<html>
<head>
<title> 表格的边框尺寸 01</title>
</head>
<body>
<table border=0 width=250>
<caption> 工作人员 </caption>
<tr><th> 姓名 </th><th> 性别 </th><th> 年龄 </th>
<tr><td> 张华 </td><td> 女 </td><td>36</td>
</table>
</body>
</html>
```

将以上代码保存为HTML文件，然后使用浏览器打开，显示效果如图5-7所示。

5.1.5 表格的间距调整 🔍

单元格之间的线称为格间线，也称为表格的间距，其宽度可以使用<table>标签中的cellspacing属性进行调节，其基本语法如下。

```
<table cellspacing=n>
```

其中，n表示像素值，用于指定单元格之间的间距。

请看以下示例代码。

```
<html>
<head>
<title> 表格的间距调整 </title>
</head>
<body>
<table border=3 cellspacing=5>
<caption> 工作人员 </caption>
<tr><th> 姓名 </th><th> 性别 </th><th> 年龄 </th>
<tr><td> 张华 </td><td> 女 </td><td>36</td>
</table>
</body>
</html>
```

将以上代码保存为HTML文件，使用浏览器打开，显示效果如图5-8所示。

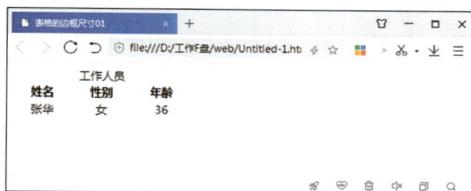

图5-7

图5-8

5.1.6　表格内容与边框之间的填充宽度

在Dreamweaver CC中，单元格内容和单元格边框之间的空白区域被称为"填充"，可以用<table>标签中的cellpadding属性进行设置，其语法格式如下。

```
<table cellpadding=n>
```

其中，n表示像素值，用于指定单元格内容与边框之间的填充宽度。

请看以下示例代码。

```
<html>
<head>
<title> 内容与边框之间宽度的设置 </title>
</head>
<body>
<table border=3 cellpadding=10>
<caption> 工作人员 </caption>
<tr><th> 姓名 </th><th> 性别 </th><th> 年龄 </th>
<tr><td> 张华 </td><td> 女 </td><td>36</td>
</table>
</body>
</html>
```

将以上代码保存为HTML文件，然后使用浏览器打开，显示效果如图5-9所示。

5.1.7 表格中数据的对齐方式

表格中数据的对齐方式有两种，分别是水平对齐和垂直对齐。水平对齐通过align属性进行设置，垂直对齐则通用valign属性进行设置。其中水平对齐的位置可分为3种，分别是居左对齐（left）、居右对齐（right）和居中对齐（center）；而垂直对齐比较常用的有4种，分别是上端对齐（top）、居中对齐（middle）、下端对齐（bottom）和基线对齐（baseline）。

1. 水平对齐

水平对齐的语法格式如下。

```
<tr align=#>
<th align=#>
<td align=#>
```

其中#=left、center或right。

请看以下示例代码。

```
<html>
<head>
<title>表格中数据的水平对齐</title>
</head>
<body>
<table border=1 width="200">
<tr>
<th>居左对齐</th><th>居中对齐</th><th>居右对齐</th>
<tr>
<td align=left>A</td> <td align=center>B</td> <td align=right>C</td>
</table>
</body>
</html>
```

将以上代码保存为HTML文件，然后使用浏览器打开，显示效果如图5-10所示。

图5-9

图5-10

2. 垂直对齐

垂直对齐的语法格式如下。

```
<tr valign=#>
<th valign=#>
<td valign=#>
```

其中#=top、middle、bottom或baseline。

请看以下示例代码。

```
<html>
<head>
<title>表格中数据的垂直对齐</title>
</head>
<body>
<table border=1 width="300" height="300">
<tr>
<th>上端对齐</th><th>居中对齐</th> <th>下端对齐</th><th>基线对齐</th>
<tr>
<td valign=top>A</td>
<td valign=middle>B</td>
<td valign=bottom>C</td>
<td valign=baseline>D</td>
</table>
</body>
</html>
```

将以上代码保存为HTML文件，然后使用浏览器打开，显示效果如图5-11所示。

5.1.8　创建跨多行多列的单元格

要创建跨多行多列的单元格，只需在<th>标签或<td>标签中加入rowspan或colspan属性即可，这两个属性值分别表明了单元格要跨越的行数或列数。

1. 创建跨多列的单元格

创建跨多列单元格的语法格式如下。

```
<th colspan=#><td colspan=#>
```

其中colspan表示跨越的列数。例如，colspan=3表示该单元格的宽度跨越列。

请看以下示例代码。

```
<html>
<head>
<title>创建跨多列的表元</title>
</head>
</html>
<table border>
<tr><th colspan=3>工作人员 </th>
<tr><th>姓名</th><th>性别</th><th>年龄</th>
<tr><td>张华</td><td>女</td><td>36</td>
</table>
```

将以上代码保存为HTML文件，然后使用浏览器打开，显示效果如图5-12所示。

图5-11

图5-12

2. 创建跨多行的单元格

创建跨多行单元格的语法格式如下。

```
<th rowspan=#><td rowspan=#>
```

其中rowspan就是指跨越的行数。例如，rowspan=3表示该单元格的高度跨越3行。
请看以下示例代码。

```
<html>
<head>
<title>创建跨多行的表元</title>
</head>
</html>
<table border>
<tr><th rowspan=2>工作人员</th>
<th>姓名</th><th>性别</th> <th>年龄</th></tr>
<tr><td>张华</td><td>女</td><td>36</td>
</table>
```

将以上代码保存为HTML文件，然后使用浏览器打开，显示效果如图5-13所示。

图5-13

5.2 表单

我们在浏览网页时，经常会遇到要求填写并提交信息的表单页面。例如，注册邮箱时所填写的页面就是一个表单。

5.2.1 课堂案例——制作在线调查表

案例说明如表5-2所示。

表5-2　制作在线调查表

实例位置	实例文件→CH05→制作在线调查表→制作在线调查表.html
素材位置	素材文件→CH05→ d1.jpg
视频名称	操作练习：制作在线调查表.mp4
技术掌握	学习插入表单的方法

操作步骤如下。

① 新建一个记事本文档，输入如下代码（<form>...</form>标签表示插入表单）。

```
<html>
<head>
<title> 制作在线调查表 </title>
</head>
<body>
<form>
</form>
</body>
</html>
```

微课视频

② 在<form>...</form>标签之间输入以下代码，表示在表单中插入一个8行1列、宽度为500像素的表格。

```
<table width="500" border="0" align="center" cellpadding="0"
cellspacing="0">
    <tr>
     <td> </td>
    </tr>
    <tr>
     <td> </td>
    </tr>
    <tr>
     <td> </td>
    </tr>
    <tr>
     <td> </td>
    </tr>
    <tr>
     <td> </td>
    </tr>
    <tr>
     <td> </td>
    </tr>
    <tr>
     <td> </td>
    </tr>
    <tr>
```

```
    <td> </td>
  </tr>
</table>
```

③ 在表格第一行单元格中插入一幅图像，代码如下。

```
 <td><img src="images/d1.jpg"></td>
```

效果如图5-14所示。

图5-14

④ 在表格的第2~8行单元格中分别输入文字和插入表单，完整代码如下。

```
<html>
<head>
<title>制作在线调查表</title>
</head>
<body>
<form>
<table width="500" border="0" align="center" cellpadding="0"
cellspacing="0">
  <tr>
    <td><img src="images/d1.jpg"></td>
  </tr>
  <tr>
    <td height="25" bgcolor="#CF95D0"><span style="font-size: 14px;
    color: #FFF;">■ 畅游网站在线调查</span></td>
  </tr>
  <tr>
    <td height="30"><span style="font-size: 12px">您正在使用的畅游网站的服
    务是？  
       
       
      <input type="checkbox" name="checkbox5" id="checkbox5" />
      小游戏      
      <input type="checkbox" name="checkbox" id="checkbox6" />
      邮箱     
      <input type="checkbox" name="checkbox" id="checkbox7" />
```

```
            互动社区 </span></td>
    </tr>
    <tr>
       <td height="30"><span style="font-size: 12px"> 您是从什么途径知道畅游网
       站的?  
           
           
           
          <input type="checkbox" name="checkbox2" id="checkbox" />
          App     
          <input type="checkbox" name="checkbox2" id="checkbox2" />
          报纸     
          <input type="checkbox" name="checkbox3" id="checkbox3" />
          网络    
          <input type="checkbox" name="checkbox4" id="checkbox4" />
          电梯广告   </span></td>
    </tr>
    <tr>
       <td height="30"><span style="font-size: 12px"> 您希望我们提供什么新服务?
        
           
           
           
           
           
           
          <input type="checkbox" name="checkbox6" id="checkbox8" />
          游戏系统      
          <input type="checkbox" name="checkbox6" id="checkbox9" />
          社交网络     
          <input type="checkbox" name="checkbox6" id="checkbox10" />
          订票服务   </span></td>
    </tr>
    <tr>
       <td height="30"><span style="font-size: 12px"> 您是畅游网站的会员吗?  
           
           
           
               
           
           
           
           
```

```
        <input type="radio" name="radio" id="radio" value="radio" />
        是
                
        <input type="radio" name="radio" id="radio2" value="radio" />
        不是 </span></td>
    </tr>
    <tr>
        <td height="30"><span style="font-size: 12px"> 您对畅游网站的
        建议            
                 
          <textarea name="textarea" id="textarea" cols="30" rows="10"></textarea>
      </span></td>
    </tr>
    <tr>
        <td height="30" align="center"><input type="button" name="button"
        id="button" value=" 提交 ">
               
        <input type="button" name="button2" id="button2" value=" 取消 ">
               </td>
    </tr>
</table>
</form>
</body>
</html>
</body>
</html>
```

⑤ 将以上代码保存为HTML文件，用浏览器打开后，显示效果如图5-15所示。

5.2.2 表单概述

使用表单可以收集网站访问者的信息，如会员注册信息、意见反馈等。表单的使用需要两个条件：一是描述表单结构的HTML源代码；二是用于处理用户在表单中输入信息的服务器端应用程序或客户端脚本，如ASP、CGI（Common Gateway Interface，通用网关接口）等。

一个表单由两部分组成，即表单域和表单对象，如图5-16所示。表单域包含处理数据所用的CGI程序的URL地址以及数据提交到服务器的方法；表单对象包括文本域、密码域、单选按钮、复选框、弹出式菜单以及表单按钮等。

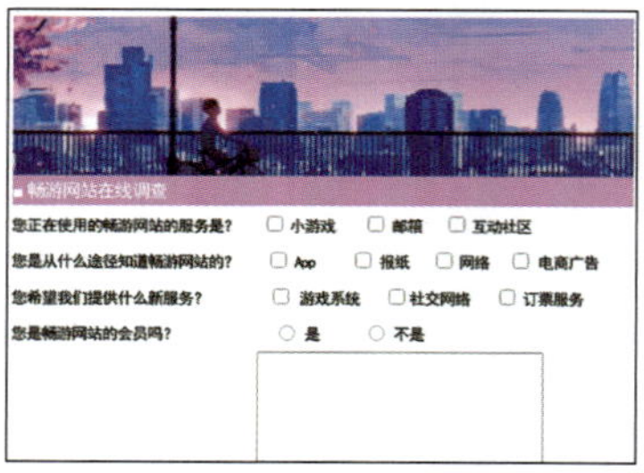

图5-15

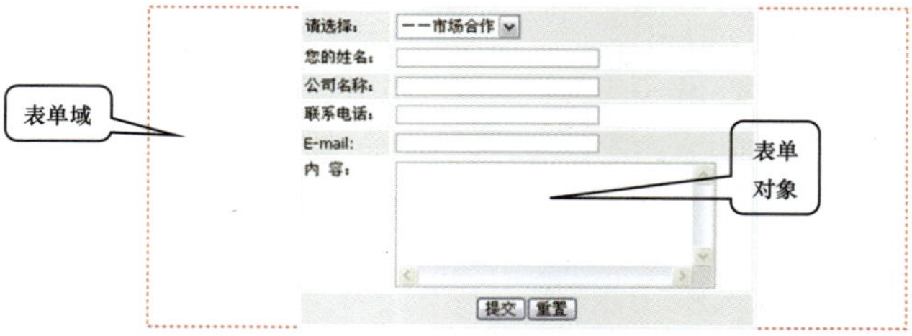

图5-16

5.2.3 文本域

文本域通过<input type="text"> 标签进行设定。当用户要在表单中输入字母、数字等内容时，就会用到文本域。

下面举例说明<input type="text">标签的用法。

```
<html>
<head>
<title> 文本域 </title>
</head>
<body>
<form>
用户名：<input type="text" name=" 用户名 "><br>
邮   箱：
<input type="text" name=" 邮箱 ">
</form>
</body>
</html>
```

将这段代码保存为HTML文件（扩展名为.htm或.html），显示效果如图5-17所示。

提示

浏览页面时，表单的红框本身并不可见。同时，在大多数浏览器中，文本域的默认宽度是20 个字符。

5.2.4 密码域

密码域通过标签<input type="password"> 来定义。例如以下代码创建了一个密码输入域。

```
密码：<input type="password" name=" 密码 ">
```

上述代码的效果如图5-18所示。

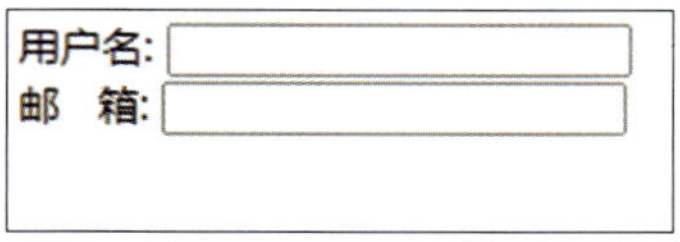

用户名：
邮　箱：

用户名：
邮　箱：
密　码：

图5-17 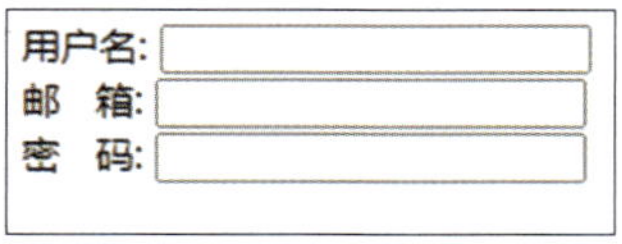　　　　　　　　　　　　图5-18

提示

密码域是特殊类型的文本域。当用户在密码域中输入文本时，输入的文本会被替换为星号或圆点，以隐藏该文本，保护这些信息不被看到，如图5-19所示。

5.2.5 单选按钮

<input type="radio"> 标签用于定义表单中的单选按钮选项，单选按钮允许用户在多个限定选

项中选择其中之一。例如：

```
<input name="gen" type="radio" value=" 男 " checked /> 男
<input name="gen" type="radio" value=" 女 " /> 女
```

其中，checked属性表示该单选按钮在页面加载时默认被选中。这段代码的效果如图5-20所示。

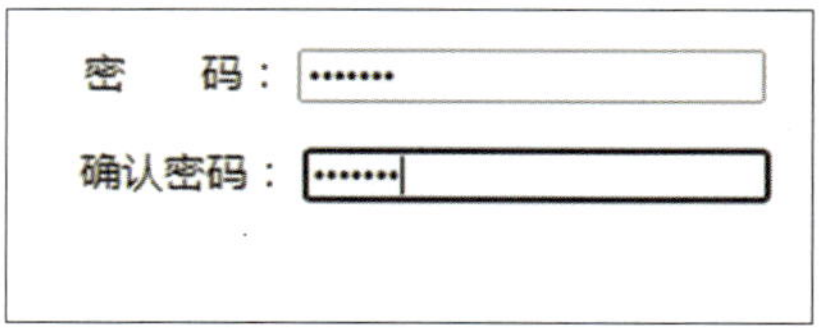

图5-19 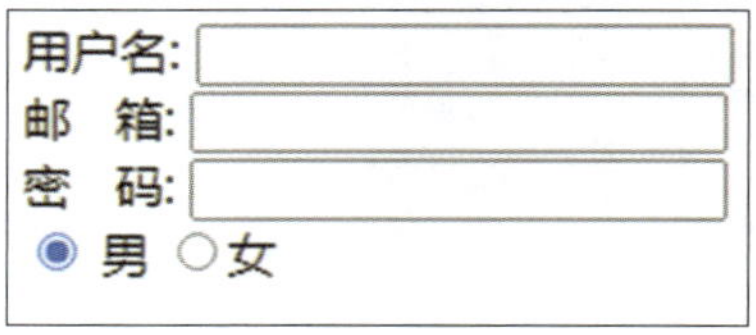   图5-20

5.2.6 复选框

<input type="checkbox"> 标签用于定义表单中的复选框，用户可以从若干给定的选项中选择一个或多个。例如：

```
兴趣: <input type="checkbox" name="interest" value="sports"/> 运动
<input type="checkbox" name="interest" value="talk" checked /> 聊天
<input type="checkbox" name="interest" value="play"/> 游戏
```

其中，checked属性表示该复选框在页面加载时默认被选中。这段代码的效果如图5-21所示。

5.2.7 表单按钮

表单按钮用于控制表单操作。使用表单按钮可以将输入表单的数据提交到服务器，或者重置该表单。

1. 提交按钮

<input type="submit"> 标签用于定义提交按钮。当用户单击提交按钮时，表单的内容会被发送给另一个文件。例如：

```
<input type="submit" name="butSubmit" value=" 提交 ">
```

其中，value=" "中的文本会显示在按钮上，效果如图5-22所示。

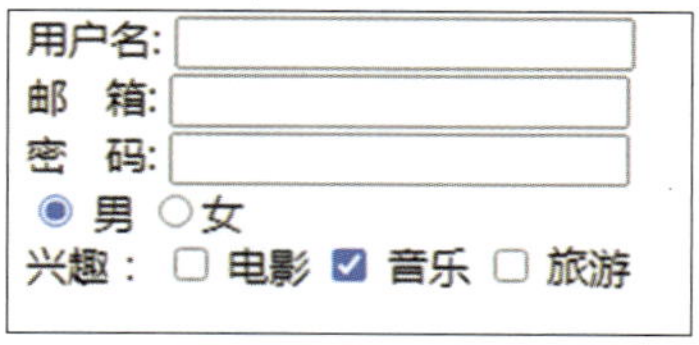

图5-21 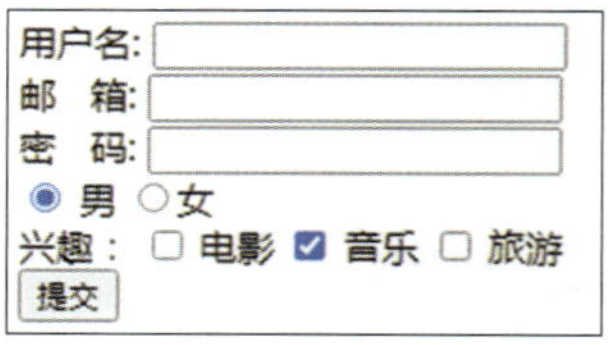   图5-22

2. 重置按钮

<input type="reset"标签用于定义重置按钮。当用户单击重置按钮时，表单中的内容不会被提交，而是恢复至初始状态。例如：

```
<input type="reset" name="butReset" value=" 重置 "
```

其中value=" "中的文本会显示在按钮上，效果如图5-23所示。

图5-23

5.3　练习案例

通过对本章的学习，相信大家对HTML中的表格与表单已经有了深入的了解，并能够灵活掌握其使用方法，制作出各种各样的表格与表单。

5.3.1　练习案例——制作导航栏

案例说明如表5-3所示。

表5-3　制作导航栏

实例位置	实例文件→ CH5→制作导航栏→制作导航栏.html
素材位置	素材文件→CH05→q1.jpg、q2.jpg
视频名称	练习案例：制作导航栏.mp4
技术掌握	制作导航栏的方法

操作步骤如下。

① 新建一个记事本文档，在文档中输入以下代码，表示插入1行2列、宽度为630像素的表格。

```
<html>
<head>
<title> 制作导航栏 </title>
</head>
<body>
<table width="630" border="0" cellspacing="0" cellpadding="0">
  <tr>
    <td ></td>
    <td ></td>
  </tr>
</table>
</body>
</html>
```

微课视频

② 分别在两个单元格中插入图像，完整代码如下。

```
<html>
<head>
<title> 制作导航栏 </title>
</head>
<body>
```

```
<table width="630" border="0" cellspacing="0" cellpadding="0">
  <tr>
    <td><img src="images/dh1.jpg"></td>
    <td><img src="images/dh2.jpg"></td>
  </tr>
</table>
</body>
</html>
```

③ 将以上代码保存为HTML文件，使用浏览器打开后，显示效果如图5-24所示。

图5-24

5.3.2 练习案例——制作注册网页

案例说明如表5-4所示。

表5-4　制作注册网页

实例位置	实例文件→CH05→制作注册网页→制作注册网页.html
素材位置	素材文件→CH05→z1.jpg、z2.jpg
视频名称	练习案例：制作注册网页.mp4
技术掌握	创建注册网页的方法

操作步骤如下。

① 在网页中插入一个3行1列的表格，并在3个单元格中分别输入文字、插入图像和水平线，代码如下，效果如图5-25所示。

微课视频

```
<html>
<head>
<title> 制作注册网页 </title>
</head>
<body>
<table  width="642"  border="0"  align="center"  cellpadding="0"
cellspacing="0">
  <tr>
    <td height="25"><span style="font-size: 12px; color: #666;"> 当前
    所在位置: 首页 &gt; 会员注册 &gt; 填写信息 </span></td>
  </tr>
  <tr>
    <td style="color: #83A6BA"><img src="images/z1.jpg" width="642"
    height="112"  alt=""/></td>
  </tr>
  <tr>
    <td style="text-align: right"><img src="images/z2.jpg" width="335"
    height="69"  alt=""/></td>
  </tr>
```

```
  <tr>
    <td height="26"><hr align="center" width="642" size="3"hr color="
    #83A6BA " /></td>
  </tr>
</table>
</body>
</html>
```

图5-25

② 在网页中插入表单，在表单中插入表格，并创建各个表单对象，代码如下。

```
<form id="form1" name="form1" method="post" action="">
  <table width="642" border="0" align="center" cellpadding="0" cellspacing="0">
    <tr>
        <td height="45"><span style="color: #4E7512"> <span class="STYLE7"
        style="font-size: 12px"> 用户名 </span></span><span class="STYLE7"
        style="font-size: 12px"> </span><span class="STYLE7" style="font-
        size: 12px">       </span>
         <input name="textfield" type="text" size="30" maxlength="20" />
           <span style="font-size: 12px; color: #4E7512;"> 不超
        过 20 个字符（数字、字母和下画线）</span></td>
    </tr>
    <tr>
        <td height="45"><span style="color: #4E7512; font-size:
        12px;"><span class="STYLE7">  密    　 码 </
        span></span><span class="STYLE7" style="font-size: 12px"> 
              </span>
         <input name="textfield2" type="password" size="30" maxlength=
        "20" />  <span style="font-size: 12px; color: #4E7512;
        ">  请输入 4~20 个英文字母或数字 </span></td>
    </tr>
    <tr>
      <td height="45"><span style="font-size: 12px; color: #4E7512;"> 
      <span class="STYLE7"> 确认密码 </span></span><span class="STYLE7" style=
      "font-size: 12px">    </span>
      <input name="textfield3" type="password" size="30" maxlength="20" /></td>
    </tr>
    <tr>
      <td height="30"><hr align="center" width="642" size="3"hr="hr"
    color=" #83A6BA " /></td>
```

```html
      </tr>
      <tr>
        <td height="45"> <span class="STYLE7" style="font-size: 12px">
        您的出生日期: </span>
          <select name="select">
            <option>1977</option>
            <option>1978</option>
            <option>1979</option>
            <option selected="selected">1980</option>
            <option>1981</option>
            <option>1982</option>
            <option>1983</option>
            <option>1985</option>
            <option>1986</option>
          </select>
          <span class="STYLE7"> 年
          <select name="select2">
            <option>01</option>
            <option>02</option>
            <option>03</option>
            <option>04</option>
            <option>05</option>
            <option>06</option>
            <option>07</option>
          </select>
月
<select name="select3">
  <option selected="selected">01</option>
  <option>02</option>
  <option>03</option>
  <option>04</option>
  <option>05</option>
  <option>06</option>
  <option>07</option>
</select>
日 </span></td>
    </tr>
    <tr>
      <td height="45"> <span class="STYLE71" style="font-size: 12px">
      性别: </span>
        <span style="font-size: 12px"><input name="radiobutton" type=
        "radio" value="radiobutton" checked="checked" />
      <span class="STYLE71"> <span class="STYLE7">男      
         
```

```
      <input name="radiobutton" type="radio" value="radiobutton" />
      女</span></span></span></td>
    </tr>
    <tr>
      <td height="30"><hr align="center" width="642" size="3"hr="hr"
      color=" #83A6BA " /></td>
    </tr>
    <tr>
        <td height="45" style="font-size: 12px"><span style="color:
        #333333"><span class="STYLE7">  电子邮箱 </span></span><span
        class="STYLE7" style="font-size: 12px">    </span>
      <input name="textfield4" type="text" size="30" maxlength="20" /></td>
    </tr>
    <tr>
      <td height="45" style="font-size: 12px"> <span style="color:
      #333333"><span class="STYLE71">联系电话 </span></span><span
      class="STYLE7" style="font-size: 12px">    </span>
      <input name="textfield5" type="text" size="30" maxlength="14" /></td>
    </tr>
    <tr>
      <td height="30"><hr align="center" width="642" size="3"hr="hr"
      color=" #83A6BA " /></td>
    </tr>
    <tr>
      <td height="47" align="center"><input type="submit" name="Submit"
      value=" 提交 " />
                <input type="submit" name=
        "Submit2" value=" 取消 " /></td>
    </tr>
  </table>
</form>
```

③ 保存文件并浏览，效果如图5-26所示。

图5-26

第6章

创建 HTML5 中的超链接

本章导读

网页之所以成为网络的一部分，都是超链接的功劳。如果没有超链接，网页就会成为孤立文件，无人问津。因此，要学习网站设计，首先需要掌握超链接的创建。

本章学习任务

· 设置超链接
· URL
· 超链接路径
· 图像链接与下载链接
· 锚点链接
· 电子邮件链接

6.1 设置超链接

超链接就是通常所说的URL。虽然网页上的所有媒体元素都可以以各种形式进行复制，但是如果没有链接，也就不会有互联网。随着Web设计工作的日益复杂化，链接的功能也日益丰富，不仅可以导航到不同网页，还可以发送邮件、连接FTP站点、下载软件等。

6.1.1 课堂案例——在新窗口中打开网页

案例说明如表6-1所示。

表6-1 在新窗口中打开网页

实例位置	实例文件→CH06→在新窗口中打开网页→在新窗口中打开网页.html
视频名称	操作练习：在新窗口中打开网页.mp4
技术掌握	超链接的设置方法

操作步骤如下。

① 新建一个记事本文档，在文档中输入以下代码。

微课视频

```html
<html>
<head>
<title>在新窗口中打开网页</title>
</head>
<body>
<a href="http://www.sogou.com" target="_blank">超链接（搜狗首页）</a>
</body>
</html>
```

② 将以上代码保存为HTML文件后，用浏览器打开，然后单击文字，在新窗口中打开搜狗首页，效果如图6-1所示。

（a） （b）

图6-1

6.1.2 创建超链接

在HTML中，可使用<a>标签添加超链接，具体格式如下。

```html
<a href="目标地址">载体</a>
```

其中，href属性表示目标资源的引用地址，属性值为URL或相对路径。<a>标签必须设置href属性。如果没有指向的目标资源，可使用"#"作为属性值，表示指向当前页面的空链接。

　　<a>标签还有一个常用的属性target，表示打开目标资源的方式，其默认属性值_self，表示在当前标签页中加载目标资源；属性值_blank表示在新的标签页中加载目标资源。

6.1.3　URL

　　超链接是通过引用目标地址链接到某个目标的，这就要用到URL。URL用于指定资源的地址，一般由3部分组成，分别为通信协议、存有目标资源的主机域名和目标资源的路径，如图6-2所示。

http://www.web.com/index1.html		
通信协议	主机域名	路径

图6-2

　　通信协议用于指明目标资源的类型或访问方式；主机域名一般用于引用外部网站，如网易的域名为"163.com"；目标资源的路径即资源在服务器上的具体位置，可以使用相对路径或绝对路径。

　　通信协议一般有以下几种。
- http://：用于从服务器传输超文本到本地浏览器的超文本传输通信协议。
- ftp://：用于从服务器复制文件或从本地计算机上传文件的文件传输通信协议。
- mailto：表示目标资源是电子邮件。

> **提示** 🔊▶
>
> 　　在同一个站点内使用相对路径引用资源文件时，不用指明通信协议。当引用外部文件时，需要同时指明通信协议与网站地址。例如，在超链接中引用网易首页时，地址必须写为"http://www.163.com"，写为"www.163.com"将无法访问。

6.1.4　超链接路径

　　超链接的方式有相对链接和绝对链接两种。超链接的路径即URL地址，完整的URL路径为http://www.snsp.com:1025/support/retail/contents.html#hello。

　　在创建本地链接（即同一个站点内的链接）时，无须指明完整的路径，只需指出目标端点在站点根目录中的路径，或与链接源端点的相对路径。当两者位于同一级子目录中时，只需要指明目标端点的文件名即可。

　　一个站点中经常会遇到以下3种类型的文件路径。

　　第1种：绝对路径，如http://www.macromedia.com/support/dreamweaver/contents.html。

　　第2种：相对于当前文档的路径，如contents.html。

　　第3种：相对于站点根目录的路径，如/web/contents.html。

1. 绝对路径

　　绝对路径提供了链接目标端点所需的完整URL地址。绝对路径常用于在不同服务器之间建立链接。如希望链接其他网站上的内容，就必须使用绝对路径。

　　采用绝对路径的优点是它与链接的源端点位置无关。只要网站的地址不变，不管链接的源文件在站点中如何移动，都能实现正常的链接。其缺点首先是不方便测试链接。如果要测试站点中的链接是否有效，必须在Internet服务器上进行测试。其次是绝对链接不利于站点文件的移动。一旦链接目标端点的文件位置发生改变，所有指向该文件的链接都必须进行改动，否则链接将失效。

　　绝对路径的应用场景有以下几种。

　　第1种：网站间的链接，比如链接到http://www.tianya.cn。

　　第2种：链接到FTP服务器，比如ftp://192.168.1.1。

　　第3种：文件链接，比如链接到本地文件file://d:/网站1/web/index1.html。

2. 相对于当前文档的路径

相对链接用于在本地站点中的文档间建立链接。使用相对路径时无须给出完整的URL地址，只需指出源端点与目标端点不同的部分。在同一个站点中通常采用相对链接。当链接的源端点和目标端点文件位于同一目录下时，只需指出目标端点的文件名即可。当不在同一个父目录下时，须将不同的层次结构表述清楚。每向上进一级目录，就要使用一次"/"符号，直到达到相同的父目录。

例如，源文件cc.htm的地址为.../web/chan/cc.htm，目标文件cc2.htm的地址为.../web/chan/cc2.htm，它们有相同的父目录web/chan，则它们之间的链接只需要指出文件名cc2.htm即可。但如果链接的目标文件地址为.../web/chan2/cc2.htm，则链接的相对地址应写为chan/cc2.htm。

由此可知，相对路径间的相互关系并没有发生变化，因此移动整个文件夹时，基于相对路径的链接不需要更新。但如果只是移动其中的某个文件，则必须更新与该文件相关的所有相对路径。

如果在站点面板中移动文件，系统会提示用户是否更新链接。此时单击更新按钮即可，无须用户逐一去更改。

如果要在新建的文档中使用相对链接，必须在链接前先保存该文档，否则Dreamweaver CC将默认使用绝对路径。

3. 相对于站点根目录的路径

相对于站点根目录的路径是绝对路径和相对路径的折中，它的所有路径都从站点的根目录开始，通常用"/"表示根目录，所有路径都从该斜线开始。例如，在/web/ccl.htm中，ccl.htm是文件名，web是站点根目录下的一个子目录。

基于站点根目录的路径适合于站点中文件需要经常移动的情况。当移动的文件或重命名的文件含有基于根目录的链接时，相应的链接不需要进行更新。但是，如果移动的文件或重命名的文件是基于根目录链接的目标文件时，必须对这些链接进行更新。

6.2　图像链接与下载链接

下面介绍图像链接与下载链接的创建方法。

6.2.1　课堂案例——单击小图查看大图

案例说明如表6-2所示。

表6-2　单击小图查看大图

实例位置	实例文件→CH06→单击小图查看大图→单击小图查看大图.html
素材位置	素材文件→CH06→小图.jpg、大图.jpg
视频名称	操作练习：单击小图查看大图.mp4
技术掌握	设置预览图像与全尺寸图像的链接

操作步骤如下。

① 新建一个记事本文档，在文档中输入以下代码。

```
<html>
<head>
<title>单击小图查看大图 </title>
</head>
```

微课视频

```
<body>
<a href="images/ 大图 .jpg">
<img src="images/ 小图 .jpg" >
</a>
</body>
</html>
```

② 将以上代码保存为HTML文件，然后使用浏览器打开该文件，单击小图像，打开大图像，效果如图6-3所示。

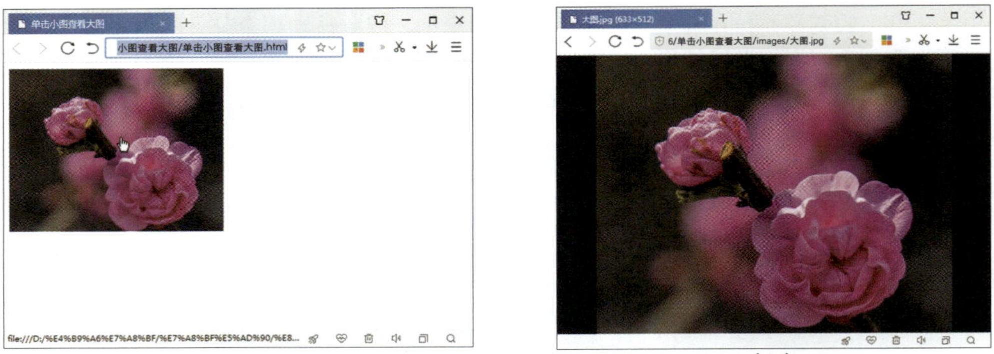

（a）   （b）

图6-3

6.2.2 图像链接

除了链接到网页之外，<a>标签还可以链接到图像，这种链接称为图像链接。用鼠标单击图像链接后，可在浏览器中全屏查看所链接的图像文件。

以下代码将名称为a1的.jpg图像链接到名称为a2的.gif图像。

```
<a href="images/a2.gif/">
    <img src=" images/a1.jpg">
</a>
```

6.2.3 下载链接

当用户希望浏览者从自己的网站上下载资料时，就需要为文件提供下载链接。网站中每一个可供下载的文件必须对应一个下载链接。当链接的文件不能被浏览器解析（如压缩文件）时，单击超链接后，浏览器会直接将文件下载到本地计算机中，这种链接就是下载链接。下载链接与图像链接的写法一样，只不过链接的是压缩文件，代码如下。

```
<a href="images/xiazai.rar"> </a>
```

提示 🔊▶

下载链接一般是指压缩文件（文件的扩展名为.rar或.zip）和可执行文件（文件的扩展名为.exe或.com）。

6.3 锚点链接

锚点链接是指向同一页面或其他页面中特定元素的链接。例如，在篇幅较长的网页底部设置一个返回顶部的锚点链接，可以通过单击该链接快速回到网页顶部，省去移动滚动条的麻烦。在网页中添加锚点链接需要执行以下两步操作。

第1步：创建锚点。锚点就是锚点链接所指向的元素位置。为元素设置id属性后，其属性值即可作为该元素的锚点。

第2步：添加链接。锚点链接的href属性值为"#锚点名"，锚点名即目标元素的id属性值，如"href=" #m1"; "，表示链接至当前页面中id属性值为m1的元素。当指向其他页面中的某个元素时，需要在"#"符号前加上页面的名称，如"href=" test.html#m1"; "。

6.4 电子邮件链接

使用电子邮件链接可以打开客户端浏览器默认的电子邮件应用程序。收件人的邮件地址由电子邮件链接指定，无须手动输入。电子邮件链接的href属性值为"mailto:电子邮件地址?subject=邮件主题"，如"mailto:test@sohu.com?subject=suggest"，其中，subject表示邮件主题，可以省略。

6.5 练习案例

HTML提供了多种创建超链接的方法，可以创建指向其他文档、图像或可下载软件的链接，也可创建指向文档内部任意位置的链接。用户可以通过单击文档中的任何文本或图像（无论它们位于标题、列表、表格或框架中），来跳转到同一文档的其他部分或完全不同的文档、图像等可下载文件。下面通过两个练习案例让读者巩固本章所学的知识。

6.5.1 练习案例——返回网页顶部 🔍

案例说明如表6-3所示。

表6-3 返回网页顶部

实例位置	实例文件→CH06→返回网页顶部→返回网页顶部.html
素材位置	素材文件→CH06→db.jpg
视频名称	练习案例：返回网页顶部.mp4
技术掌握	创建锚点链接

操作步骤如下。

① 新建一个记事本文档，在文档中输入以下代码，表示在页面顶部添加锚点。

```
<html>
<head>
<title>返回网页顶部 </title>
</head>
```

微课视频

```
<body id="top">
</body>
</html>
```

② 接下来插入图像、输入文字，代码如下。

```
<html>
<head>
<title>返回网页顶部</title>
</head>
<body id="top">
<p><img src="images/db.jpg" width="646" height="437" ><br>
回到顶部</p>
</body>
</html>
```

③ 为文字添加锚点链接，完整代码如下。

```
<html>
<head>
<title>返回网页顶部</title>
</head>
<body id="top">
<p><img src="images/db.jpg" width="646" height="437" ><br>
<a href="#top">回到顶部</a></p>
</body>
</html>
```

④ 将以上代码保存为HTML文件，然后使用浏览器打开，效果如图6-4所示。

6.5.2　练习案例——精美壁纸下载

案例说明如表6-4所示。

表6-4　精美壁纸下载

实例位置	实例文件→CH06→精美壁纸下载→精美壁纸下载.html
素材位置	素材文件→CH06→bz.jpg、壁纸下载.zip
视频名称	练习案例：精美壁纸下载.mp4
技术掌握	创建下载链接

操作步骤如下。

① 在网页中输入文字并插入图像，代码如下。

微课视频

```
<html>
<head>
<title>精美壁纸下载</title>
</head>
<p>下载壁纸</p>
<p><img src="images/bz.jpg" width="632" height="419"></p>
```

```
</body>
</html>
```

网页显示效果如图6-5所示。

图6-4

图6-5

② 为文字添加下载链接，完整的代码如下。

```
<html>
<head>
<title>精美壁纸下载</title>
</head>
<p><a href="images/ 壁纸下载 .zip"> 下载壁纸 </a></p>
<p><img src="images/bz.jpg" width="632" height="419"></p>
</body>
</html>
```

③ 保存文件并浏览，效果如图6-6所示。

图6-6

第 **7** 章

在 HTML5 网页
中添加音频与视频

本章导读

HTML网页中除了可以插入图像之外，还可以播放音乐和视频等。本章主要向读者介绍在HTML5网
页中添加音频和视频的方法。

本章学习任务

· 添加音频
· 设置音频属性
· 插入视频
· 设置视频属性

7.1 添加音频

制作与众不同、充满个性的网站，一直是网站制作者不懈努力的目标。除了尽量增强页面的视觉效果、增加互动功能以外，如果在打开网页的同时，能听到一曲优美动人的音乐，相信会使网站增色不少。

7.1.1 课堂案例——插入音频文件

案例说明如表7-1所示。

表7-1　插入音频文件

实例位置	实例文件→CH07→插入音频文件→插入音频文件.html
素材位置	素材文件→CH07→xxx.mp3
视频名称	操作练习：插入音频文件.mp4
技术掌握	在网页中添加音频文件

操作步骤如下。

① 新建一个记事本文档，在文档中输入以下代码。

微课视频

```html
<html>
<head>
<title> 添加音频 </title>
</head>
<body>
<audio src="xxx.mp3" controls></audio>
</body>
</html>
```

② 将以上代码保存为HTML文件，用浏览器打开后，显示效果如图7-1所示。

图7-1

提示

插入音频文件后，网页中会出现控制面板，可以控制它的开与关，还可以调节音量的大小。

7.1.2 <audio>标签的属性

<audio> 标签用于在网页中嵌入音频，如音乐或其他音频流，其基本语法如下。

```html
<audio src="music.mp3"></audio>
```

<audio>标签的相关属性如下。

· src=filename：设定音乐文件的路径。

· autoplay：音乐文件加载完就自动播放。

·controls：显示播放控件。
·loop：设定无限次播放。
·muted：静音效果。音频即使在播放的时候也是没有声音的，除非用户手动调整控制面板的音量。
·width/height：设定音频播放控件的宽度和高度。
·hidden=true：隐藏音频播放控件。

7.1.3 添加自动播放的音频文件

添加自动播放的音频文件需要用到<audio>标签的autoplay属性，代码如下。

```
<html>
<head>
<title>自动播放音乐</title>
</head>
<body>
<audio src="1.mp3" autoplay></audio>
</body>
</html>
```

7.1.4 添加带有控件的音频文件

添加带有控件的音频文件需要用到<audio>标签的controls属性，代码如下。

```
<html>
<head>
<title>自动播放音乐</title>
</head>
<body>
<audio src="1.mp3" controls></audio>
</body>
</html>
```

7.1.5 添加循环播放的音频文件

添加循环播放的音频文件需要用到<audio>标签的loop属性，代码如下。

```
<html>
<head>
<title>自动播放音乐</title>
</head>
<body>
<audio src="1.mp3" loop controls ></audio>
</body>
</html>
```

7.2　添加视频

大多数视频是通过插件来显示的。然而，不同的浏览器支持的插件各不相同，而且插件是导致浏览器崩溃的主要原因之一。为此，HTML5 规定了一种通过 video 元素直接嵌入视频的标准方法。相比于以前的插件，这种方法无论是对开发者还是使用者来说，都提高了便利性与易用性。

7.2.1　课堂案例——插入视频文件

案例说明如表7-2所示。

表7-2　插入视频文件

实例位置	实例文件→CH07→插入视频文件→插入视频文件.html
素材位置	素材文件→CH07→hh.mp4
视频名称	操作练习：插入视频文件.mp4
技术掌握	在网页中添加视频文件

操作步骤如下。

① 新建一个记事本文档，在文档中输入以下代码。

```
<html>
<head>
<title>插入视频</title>
</head>
<body>
</body>
</html>
```

微课视频

② 在<body>和</body>标签之间输入以下代码。

```
<video src="hh.mp4" width="450" height="550"controls>
</video >
```

③ 将以上代码保存为HTML文件，使用浏览器打开后，显示效果如图7-2所示。

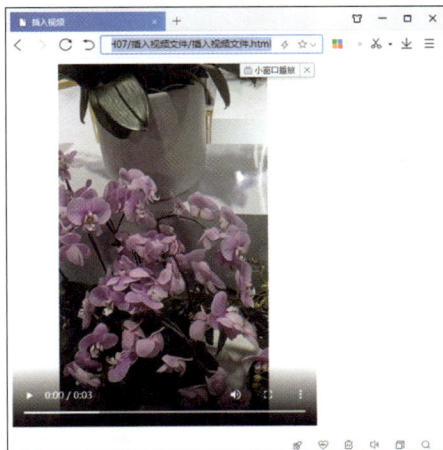

图7-2

7.2.2 <video>标签的属性

<video> 标签用于在网页中嵌入视频，如电影片段或者其他视频素材，其基本语法如下。

```
<video src=" 视频 .mp4"></ video>
```

<video>标签的相关属性如下。

- src：设定视频文件的路径。
- autoplay：视频文件加载完就自动播放。
- controls：显示播放控件。
- loop：设定无限次播放。
- muted：静音效果。视频即使在播放的时候也是没有声音的，除非用户手动调整控制面板的音量。
- width/height：设定视频控件的宽度和高度。
- poster：规定视频下载时过程中，或用户单击播放按钮前显示的图像。

7.2.3 添加自动播放的视频文件

添加自动播放的视频文件需要用到< video > 标签的autoplay属性，代码如下。

```
<html>
<head>
<title> 自动播放视频 </title>
</head>
<body>
<video src=" 视频 .mp4" autoplay ></ video>
</body>
</html>
```

7.2.4 添加带有控件的视频文件

添加带有控件的视频文件需要用到< video > 标签的controls属性，代码如下。

```
<html>
<head>
<title> 播放视频 </title>
</head>
<body>
<video src=" 视频 .mp4" autoplay controls ></ video>
</body>
</html>
```

7.2.5 添加循环播放的视频文件

添加循环播放的视频文件需要用到< video > 标签的loop属性，代码如下。

```
<html>
<head>
```

```
<title>循环播放视频</title>
</head>
<body>
<video src="视频.mp4" autoplay loop controls ></ video>
</body>
</html>
```

7.2.6　为视频添加封面 🔍

为视频添加封面需要用到< video >标签的poster属性，代码如下。

```
<html>
<head>
<title>为视频添加封面</title>
</head>
<body>
<video src="sp.mp4" poster="spfmtx.jpg" width="610" height="400" controls>
</video >
</body>
</html>
```

提示 🔊▶

　poster="spfmtx.jpg"中的spfmtx.jpg就是要作为封面的图像。

　　将以上代码保存为HTML文件，然后使用浏览器打开，显示效果如图7-3所示。可以看到视频已添加了封面。单击播放按钮后，视频就会开始播放。

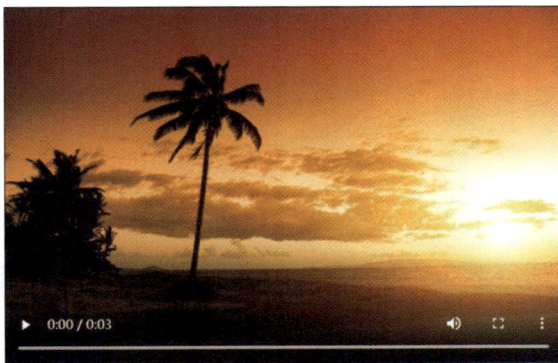

图7-3

提示 🔊▶

　　要添加封面的视频就不能再使用自动播放属性autoplay了，否则视频加载成功后就会立即自动播放，不会显示封面。

7.3　练习案例

通过前面内容的学习，相信大家已经对HTML5网页中的音频与视频有了一定的掌握。下面通过两个练习案例，进一步巩固所学内容。

7.3.1　练习案例——制作音乐网页

案例说明如表7-3所示。

表7-3　制作音乐网页

实例位置	实例文件→ CH07→制作音乐网页→制作音乐网页.html
素材位置	素材文件→CH07→y1.jpg-y5.jpg、yy.mp3
视频名称	练习案例：制作音乐网页.mp4
技术掌握	综合使用表格、图像、音频等HTML元素

操作步骤如下。

① 新建一个记事本文档，在文档中插入一个表格，并在表格中插入图像，代码如下。

```html
<html>
<head>
<title> 制作音乐网页 </title>
</head>
<body>
<table width="1048" border="0" align="center" cellpadding="0" cellspacing="0">
  <tr>
    <td width="1048" height="90"><img src="images/yiny1.jpg" width="1048" height="66" ></td>
  </tr>
</table>
</body>
</html>
```

微课视频

效果如图7-4所示。

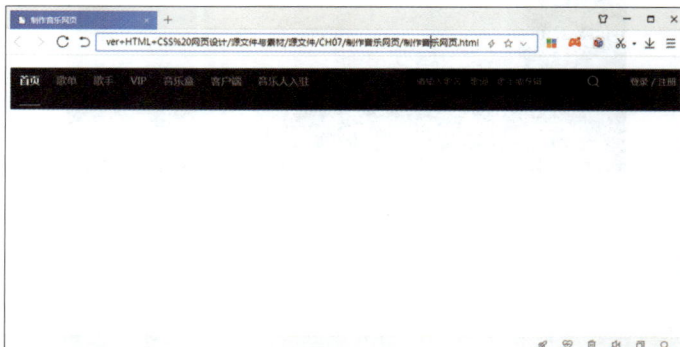

图7-4

② 接下来继续插入表格、图像并添加文字，在</table>标签后输入如下代码。

```
<table width="1040" border="0" align="center" cellpadding="0" cellspacing=
"0">
  <tr>
    <td width="324" rowspan="4"><img src="images/y2.jpg" width="324" height=
    "265"></td>
    <td width="716" height="49" style="font-family: '微软雅黑'; font-size:
    24px;">   歌曲专辑 </td>
  </tr>
  <tr>
    <td height="31">    <span style="color: #666">专辑:
    热歌榜 </span></td>
  </tr>
  <tr>
    <td style="text-align: center"><img src="images/y3.jpg" width="501"
    height="57" ></td>
  </tr>
  <tr>
    <td></td>
  </tr>
</table>
```

效果如图7-5所示。

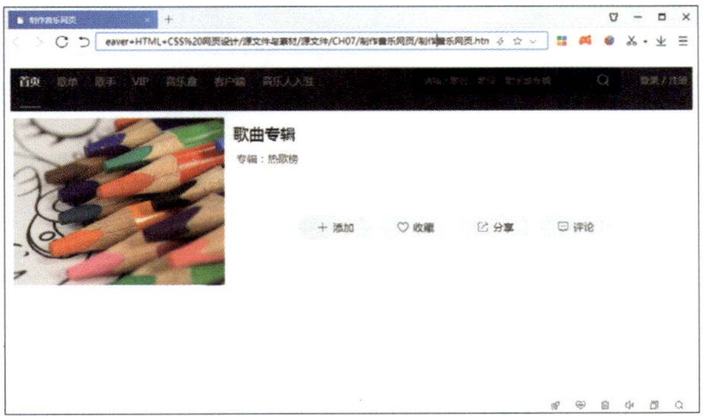

图7-5

③ 在单元格中添加音频文件，代码如下（加粗的是新加入的代码）。

```
<tr>
    <td style="text-align: center"><img src="images/y3.jpg" width="501"
    height="57" ></td>
  </tr>
  <tr>
   <td align="center"><audio src="yy.mp3"  controls></audio></td>
  </tr>
</table>
```

④ 继续插入表格和图像，本例完整代码如下。

```html
<html>
<head>
<title> 制作音乐网页 </title>
</head>
<body>
<table width="1048" border="0" align="center" cellpadding="0" cellspacing=
"0">
  <tr>
    <td width="1048" height="90"><img src="images/y1.jpg" width="1048"
    height="66" ></td>
  </tr>
</table>
<table width="1040" border="0" align="center" cellpadding="0" cellspacing=
"0">
  <tr>
    <td width="324" rowspan="4"><img src="images/y2.jpg" width="324"
    height="265"></td>
    <td width="716" height="49" style="font-family: '微软雅黑 '; font-size:
    24px;">   热门专辑 </td>
  </tr>
  <tr>
    <td height="31">    <span style="color: #666">专辑:
    热歌榜 </span></td>
  </tr>
  <tr>
    <td style="text-align: center"><img src="images/y3.jpg" width="501"
    height="57" ></td>
  </tr>
  <tr>
   <td align="center"><audio src="yy.mp3"  controls></audio></td>
  </tr>
</table>
<table width="1040" border="0" align="center" cellpadding="0" cellspacing=
"0">
  <tr>
    <td width="343" height="66" align="center"><img src="images/y4.jpg"
    width="103" height="34"></td>
    <td width="697"><img src="images/y5.jpg" width="170" height="45"></td>
  </tr>
</table>
</body>
</html>
```

效果如图7-6所示。

图7-6

7.3.2　练习案例——制作视频网页

案例说明如表7-4所示。

表7-4　制作视频网页

实例位置	实例文件→CH07→制作视频网页→制作视频网页.html
素材位置	素材文件→CH07→s1.jpg-s5.jpg、fm.jpg、sp.mp4
视频名称	练习案例：制作视频网页.mp4
技术掌握	综合使用表格、图像、视频等HTML元素

操作步骤如下。

① 在网页中插入2行1列的表格，然后在第1行的单元格中插入图像，在第2行的单元格中插入视频，代码如下。

```
<html>
<head>
<title> 制作视频网页 </title>
</head>
<body>
<table width="856" border="0" align="center" cellpadding="0" cellspacing="0">
  <tr>
    <td width="856" height="48"><img src="images/s1.jpg" width="856"
    height="48"></td>
  </tr>
  <tr>
    <td align="center"><video src="sp.mp4" poster="images/fm.jpg" width=
    "750" height="430" controls ></video ></td>
  </tr>
</table>
</body>
</html>
```

② 继续插入表格和图像，在</table>下方输入以下代码。

```
<table width="855" border="0" align="center" cellpadding="0" cellspacing=
```

```
"0">
  <tr>
    <td width="500"><img src="images/s2.jpg" width="133" height="35"></td>
    <td width="355"><img src="images/s3.jpg" width="147" height="49"></td>
  </tr>
</table>
```

③ 为网页设置背景颜色，在<head>与</head>之间输入如下代码。

```
<style type="text/css">
body {
    background-color: #262626;
}
</style>
```

④ 保存文件并浏览网页，效果如图7-7所示。

图7-7

第 **8** 章

CSS3 基础

本章导读

CSS是一系列格式规则。使用CSS样式可以灵活控制网页外观，无论是实现精确的布局定位，还是应用特定的字体样式，都可以通过CSS样式来完成。

本章学习任务

· CSS3概述

· CSS3的基本语法

· CSS的语法结构

· 添加CSS

8.1 CSS3概述

CSS3不仅可以静态地修饰网页，还可以配合各种脚本语言对网页中的各种元素进行动态调整。CSS3能够对网页中元素位置的排版进行像素级的精确控制，它支持大部分字体和字号样式，并对网页对象和模型样式进行编辑。

8.1.1 课堂案例——编写CSS

案例说明如表8-1所示。

表8-1 编写CSS

实例位置	实例文件→CH08→编写CSS→编写CSS.html
视频名称	操作练习：编写CSS.mp4
技术掌握	编写CSS

操作步骤如下。

① 打开Dreamweaver CC，单击"代码"按钮，进入"代码"视图，如图8-1所示。

② 在<head>...</head>标签之间添加以下代码，表示设置网页中文字大小、颜色与背景。

```
<style>
p{
color: white;
font-size: 30px;
background: skyblue;
width: 300px;
height: 50px;
</style>
```

微课视频

添加代码后，如图8-2所示。

图8-1

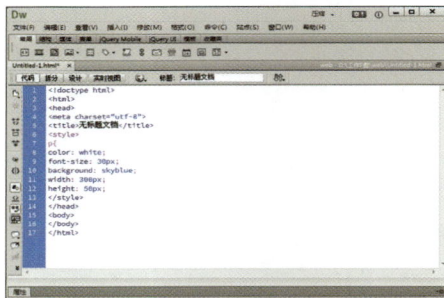

图8-2

提示 🔊▶

　　每个CSS都由相对应的样式规则组成，使用HTML中的<style>标签就可以把样式规则加入HTML文档中。<style>标签位于HTML文档的<head>部分，其中包含用于定义网页样式的CSS规则。由此可以看出，CSS语句是内嵌在HTML文档内的，所以编写CSS的方法和编写HTML文档的方法是一样的。

③ 在<body>...</ body >标签之间添加如下代码，表示在网页中输入文字"编写CSS"。

```
<p>编写 CSS</p>
```

④ 保存文件，用浏览器打开后，显示效果如图8-3所示。

编写CSS

图8-3

8.1.2　CSS简介

　　CSS是一组样式规则，定义了HTML元素的呈现方式，并通过浏览器显示。样式可以定义在HTML文件的标志（TAG）里，也可以存放在外部附件文件中。使用外部样式表时，一个样式表可以用于多个页面，甚至整个站点，因此具有更好的易用性和扩展性。

　　CSS可以应用在很多页面中，从而使不同的页面获得相同的布局和外观，提高了页面的一致性。Dreamweaver CC对样式表的支持非常高，用户可以通过样式面板对网页中的样式表进行管理，如新建样式表、附加现有的样式表等。此外，借助扩展功能，还可以使用样式表制作比较复杂的样式。

8.1.3　CSS的优越性

　　CSS可以精确控制网页上元素的定位和传统格式属性（如字体、尺寸、对齐等），还可以设置位置、特殊效果、鼠标悬停等HTML属性。

　　可以将CSS的优越性归纳为以下几点。

1.　将格式和结构分离

　　HTML语言定义了网页的结构和各要素的功能，而CSS通过将定义结构的部分和定义格式的部分分离，使设计者能够对页面的布局施加更多的控制，同时仍可保持HTML的简洁。CSS代码独立存在，从另一个角度控制页面外观。

2.　更强的页面布局控制能力

　　HTML对页面布局的控制能力有限，如精确定位、行间距或字间距等，这些都可以通过CSS来完成。

3.　文件体积更小，下载速度更快

　　CSS只是简单的文本，不需要图像、执行程序或插件。使用 CSS可以减少表格标签等繁重代码的使用，减少图像用量，从而减小文件体积。

4.　更快的网页更新速度

　　没有CSS时，如果想更新整个站点中所有主体文本的字体，必须一页一页地修改网页。CSS的主旨就是将格式和结构分离。利用CSS，可以使站点上所有的网页都指向同一个CSS文件，这样只要修改CSS文件中的某一行代码，整个站点的网页都会同步更新。

5.　更好的浏览器兼容性

　　CSS的代码有很好的浏览器兼容性。也就是说，即使用户丢失了某个插件或使用老版本的浏览器，代码也不会出现杂乱无章的情况。任何能够识别CSS的浏览器都可以应用这些样式。

8.1.4　CSS3的基本语法

　　CSS可以用任何一种文本编辑工具来编写，如Dreamweaver CC、Windows系统下的记事本和写字板以及专门的HTML文本编辑工具Ultraedit。

　　CSS的代码都是由一些最基本的语句构成的，其基本语法如下。

```
Selector {property:value}
```

其中，property:value指的是样式表定义，property表示属性，value表示属性值，属性与属性值之间用冒号（：）隔开，属性值与属性值之间用分号（；）隔开，因此以上语法也可以表示如下。

```
选择符 { 属性 1: 属性值 1; 属性 2: 属性值 2}
```

Selector是选择符，用于定义HTML元素的应用样式，如table、body、p等。请看以下示例代码。

```
p { font-size:50;font-weight:bold ;color:blue}
```

这里p用来定义该段落的格式，font-size、font-style和color是属性，分别定义段落中字体的大小（size）、粗细（weight）和颜色（color）；而50、bold、blue是属性值，意思是以50像素、粗体、蓝色的样式显示该段落。

8.1.5　CSS样式的类型

CSS样式位于HTML文档的<head>标签之间，其作用范围由class、ID或其他任何符合CSS规范的文本选择器进行设置。

CSS样式包含4种类型。

1. 自定义CSS样式

用户可以在文档的任何区域或文本中应用自定义的CSS。如果CSS样式被应用于一个文本块，Dreamweaver CC会在文本块标记中添加class属性；如果CSS样式被应用于一个文本的局部范围，则会在该范围内插入一个包含class属性的<span>标签。自定义CSS的示例代码如下。

```
.fontl {
Font-family: " 宋体 ";
font-size:12px;
color: #FFFF00;
}
```

在<div>标签中应用自定义CSS的示例代码如下。

```
<div id="hezi" class="fontl">content</div>
```

2. 包含特定ID属性的标签

如果定义包含特定ID属性的标签的格式，则这个标签的ID是唯一的，并且只应用于一个HTML元素。如下代码为CSS样式定义示例。

```
#box {
font-family: " 宋体 ";
font-size; 12px;
color: #FFFF00;
}
```

该CSS只对页面中ID值为box的页面元素生效。

```
<div id="box">content</div>
```

3. 定义HTML标签

CSS样式实际上是对现有HTML标记的一种重新定义。

以下代码重新定义了<Body>标签。

```
body {
background-color:#FFFFFF;
background -image: url(images/001.jpg);
background -repeat: repeat-y;
margin: 0px;
 }
```

4. 复合选择符

当用户创建或更改一个同时影响两个或多个标签、类或ID的复合规则样式表时，所有包含在该标签中的为内容将遵循所定义的CSS样式的格式进行显示。例如，如果定义了div p这样的选择器，则div标签内的所有p元素都将受此规则的影响。在"说明文本区域"中应说明添加或删除选择符时，该规则将影响哪些元素。

CSS选择符的示例代码如下。

```
a:link {
 colcr:#0A5EAF;
 font-family:" 宋体 ";
 text-decoration:none;
 }

a:hover {
 colcr:#D1E93D;
 font-family:" 宋体 ";
 text-decoration:underline;
 }

a:visited {
color:#74AC25;
font-family:" 宋体 ";
text-decoration:none;
 }
```

8.2　CSS的语法结构

所有样式表的基础就是CSS规则。每一条规则都是一条独立的语句，用于定义如何设计样式以及如何应用这些样式。样式表由一系列规则组成，浏览器根据这些规则来确定页面的显示效果。

8.2.1　课堂案例——定义网页的背景颜色与字体

案例说明如表8-2所示。

表8-2　定义网页的背景颜色与字体

实例位置	实例文件→CH08→定义网页的背景颜色与字体→定义网页的背景颜色与字体.html
视频名称	操作练习：定义网页的背景颜色与字体.mp4
技术掌握	设置网页的背景颜色与文字字体

操作步骤如下。

① 打开Dreamweaver CC，单击"代码"按钮，进入"代码"视图，如图8-4所示。

② 在<head>...</head>标记之间添加如下代码。

微课视频

```
<style>
        body {
                background-color: #1dd3aa;        /* 设置背景颜色为浅绿色 */
                font-family: 黑体 ;               /* 设置字体为黑体 */
                font-size: 36px;                  /* 设置字号大小为36像素 */
        }
    </style>
```

添加代码后，如图8-5所示。

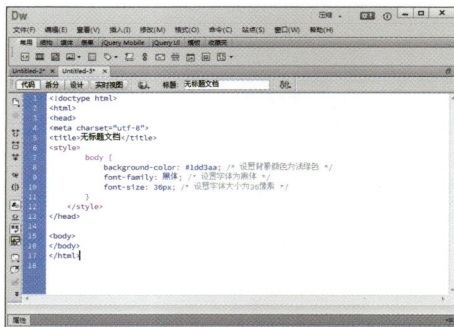

图8-4   图8-5

③ 在<body>...</ body >标签之间添加如下代码，表示在网页中输入文字"设置背景颜色"。

<p>设置背景颜色</p>

④ 保存文件并使用浏览器打开，显示效果如图8-6所示。

图8-6

提示

该案例在<style>标签内定义了CSS样式。其中body选择器用来选中HTML文档中的<body>元素，并为其设置背景颜色（background-color）为浅绿色（#1dd3aa），字体（font-family）为黑体，字号大小（font-size）为36像素。

读者可以根据需要调整这些样式，如可以更改背景颜色、字体、字号大小等。只需在CSS样式中进行相应的修改即可。

8.2.2　CSS的语法结构概述

CSS的语法结构由三部分组成：选择符（Selector）、属性（property）和值（value）。简单的CSS规则如下所示。

```
选择符｛属性: 值｝
```

1. 选择符（Selector）

选择符是指这组样式编码所要针对的对象。它可以是一个HTML标签，如body、h1；也可以是定义了特定id或 class的标签，如#main选择符表示选择<div id="main">，即一个id为main的对象。浏览器会对CSS 选择符进行严格的解析，每一组样式均会被浏览器应用到对应的对象上。

2. 属性（property）

属性是CSS样式控制的核心。对于每一个HTML中的标签，CSS都提供了丰富的样式属性，如颜色、大小、定位方位、浮动方式等。

3. 值（value）

值是指属性的具体取值。值的形式有两种：一种是指定范围的值，如float属性，只可能应用left、right、none、inherit4种值；另一种为数值，如width属性可以使用0~9999px范围内的数值，也可以采用其他单位来指定。

> **提示**
>
> 需要注意的一个重要问题是，CSS会忽略附加的空白字符，就像HTML通常所做的那样。这意味着，只要是支持CSS的浏览器，1个空格与多个空格（无论是10个还是20个）在效果上都是一样的。因此，这条规则也可以编写为如下方式：
>
> ```
> 选择符{
>     属性：值;
> }
> ```

在实际应用中，往往使用以下的类似形式。

```
body{
    background-color:blue;
}
```

上述代码表示选择符为body，即选择了页面中的<body>这个标签；属性为background-color，这个属性用于控制对象的背景色，而值为blue，这意味着页面中body对象的背景色通过使用这组CSS编码被定义为了蓝色。

除了为单个标签定义一个属性外，还可以为一个标签同时定义多个属性，每个属性之间使用分号隔开，例如：

```
p{
    text-align:center;
    color:black;
font-family: 宋体 ;
}
```

上述代码为p标签定义了3个样式属性，包含文本对齐方式、文字颜色及字体。

同样，对于具有特定id或class属性的HTML元素，也可以通过相同的形式编写样式。例如，以下代码为一个id为header的元素编写了样式。

```
#content{
text-align:center;
 color:black;
 font-family:" 宋体 ";
}


.title{
line-height:25px;
color:blue;
font-family:" 宋体 ";
}
```

8.2.3 常用的CSS选择符

1. 类型选择符
8.2.2小节中的body{}便是一种类型选择符。所谓类型选择符，是指以网页中已有的标签类型作为名称的选择符。例如，body是网页中的一个标签类型，p和span也是标签类型。因此，以下选择符都是类型选择符，它们将控制页面中所有的body、p或 span元素。

```
body { }
p{ }
span { }
```

2. 群组选择符
除了对单个HTML对象进行样式指定外，也可以对一组对象进行相同的样式指定。例如：

```
h1,h2,h3,p,span {
font-size:12 px;
font-family:" 宋体 ";
}
```

上述代码使用逗号对选择符进行分隔，使得页面中所有的h1、h2、h3、p及span标签都具有相同的样式定义。这样做的好处是对于页面中需要使用相同样式的地方，只需要编写一次样式规则即可实现统一应用，减少了代码量，改善了CSS代码的结构。

3. 包含选择符
一个包含选择符的CSS定义代码如下。

```
h1 span{
font-weight: bold;
}
```

如果只想对某一个对象中的子对象进行样式指定时，包含选择符就派上用场了。包含选择符是指选择符组合中前一个对象包含后一个对象，对象之间使用空格作为分隔符。如上面的CSS代码所示，它指定对<h1>标签下的<span>标签进行样式设置，使该标签内的文本以粗体显示。该样式会应用到如下格式的HTML中：

```
<h1> 这里是一段文本 <span> 这里是 span 内的文本 </span></h1>
<h1> 单独的 h1</h1>
<span> 单独的 span</span>
<h2> 被 h2 标签套用的文本 <span> 这里是 h2 下的 span</span></h2>
```

上述代码中，<h1>标签之下的<span>标签会被应用font-weight:bold的样式设置。注意：此样式仅对有此结构的标签有效，单独存在的<h1>标签、单独存在的<span>标签及其他非<h1>标签下的<span>标签均不会应用此样式。

提示 📢▶

使用包含选择符能够帮助设计者避免过多的id及class设置，直接对需要设置的元素进行样式设置即可。

包含选择符不仅可以实现两者之间的包含，还可以进行多级包含。以下是一个多级包含选择符的示例：

```
body h1 span strong {
font-weight: bold;
}
```

4. id 及class选择符

id选择符及class选择符均是CSS提供的自定义选择符模式，用户可以使用它们为页面中的HTML标签定义自定义名称，从而达到扩展和组合HTML标签的目的。例如，对于HTML中的<h1>标签而言，如果使用id选择符，那么id="p1">及<h1 id="p2">对于CSS来讲是两个不同的元素，从而达到了扩展标签的目的。自定义名称的方式也有助于用户细化页面的结构，使用符合页面需求的名称来进行结构设计，增强代码的可读性。

（1）id选择符

id选择符是基于DOM（Document Object Model，文档对象模型）的选择符类型。对于一个网页而言，其中的每一个标签（或其他对象）均可以使用一个id=""的形式对id属性进行一个名称的指定。id可以理解为一个标识，在网页中，每个id名称只能使用一次。例如：

```
<div id="main"></div>
```

在这段代码中，HTML中的一个<div>标签被指定了 id为main。

在CSS中，id选择符使用#符号进行标识。如果需要对id为main的标签设置样式，应当使用如下代码。

```
#main {
font-size:14px; line-height: 16px;
}
```

id的基本作用是对页面中唯一出现的元素进行标识。例如，可以将导航条命名为nav，将网页头部和底部分别命名为header和footer。这些元素在页面中通常只出现一次，因此使用id进行命名不仅具有唯一性，还有助于代码阅读和维护。

（2）class选择符

如果说id选择符是对HTML标签的扩展，那么class选择符应该是对HTML多个标签的一种组合。class直译为类或类别。对于网页设计而言，可以对HTML标签使用一个class=" "的形式对

class属性进行名称指定。与id选择符不同的是，class选择符允许重复使用，页面中多个元素都可以使用同一个class选择符进行定义。例如：

```
<div class="p1"></div>
<h1 class="p1"</h1>
<h3 class= "p1"></h3>
```

使用class选择符的好处是：对于不同的HTML标签，CSS可以直接根据class名称来进行样式指定。

```
.p1 {
 margin:10px;
 background-color: blue;
}
```

上述代码中，class选择符在CSS中通过点符号"."加上class名称的形式对名为p1的对象进行了样式指定。无论是什么HTML标签，页面中所有使用了class="p1"的标签均使用此样式进行设置。class选择符也是CSS代码重用性的良好体现，多个标签均可以共享同一个样式定义，不再需要为每个标签编写样式代码。

5．标签指定式选择符

如果既想使用id或class选择符，也想同时使用标签选择符，可以使用如下格式。

```
h1#main {}
```

上述代码表示针对所有id为main的<h1>标签。

```
h1.pi {}
```

上述代码表示针对所有class为p1的<h1>标签。

标签指定式选择符在对标签选择的精确度上介于标签选择符及id/class选择符之间，也是一种经常使用的选择符。

6．组合选择符

上述选择符均可以进行组合使用。 例如，h1.p1 {}表示<h1>标签内所有class为p1的标签，#main h1 {}表示id为main的标签下的所有<h1>标签，hi #main h2{}表示id为main的hi标签下的<h2>标签。

CSS在选择符的使用上可以说是非常自由的。根据页面需求，设计者可以灵活使用各种选择符。

7．继承选择符

CSS规则可以通过属性继承应用于多个标签。包含在CSS选择符中的HTML标签可以继承大多数的CSS声明。假设将所有标签<p>设置为红色，那么所有包括在<p>...</p>标签对之间的标签将继承这个属性，并且也被设置为红色。

继承也可以用在一些包含父子关系的HTML标签中。例如，对于一个列表，不管是有序列表（<ol>）还是无序列表（<ul>），列表项都由<1i>标签指定。每一个列表项都被视为<ol>或者<ul>父标签的子标签。请看下面的示例：

```
ol {
    color:#FF0000;
}
ul {
    color:#0000FF;
}
```

在上面的示例中，所有有序列表项都显示为红色（#FF0000），所有无序列表项则显示为蓝色（#0000FF）。使用这种父子关系的一个主要好处在于能够通过一个CSS规则改变整个网页的字体。下面的声明可以完成这个修改。

```
body {
    font-family: Verdana, Arial, Helvetica, sans-serif;
}
```

在上例中，之所以能实现这个修改，是因为<body>标签已经被视为页面上所有HTML元素的父元素。

8. 伪类与伪元素选择符

伪类及伪元素选择符是一种特殊的选择符，它由CSS自动支持，属于CSS的一种类型，名称不能被用户自定义，只能够按标准格式进行使用。其使用形式如下。

```
a: hover {
background-color:#FFFFFF;
}
```

伪类和伪元素由以下两种形式组成。

· 选择符：伪类。

· 选择符：伪元素。

上面代码中的hover便是一个伪类，用于指定链接标签<a>在鼠标悬停时的样式。

CSS中内置了几个标准的伪类，供用户定义样式，如表8-3所示。

表8-3　伪类及其用途

伪类	用途
:link	用于设置A链接标签在被访问前的样式
:hover	用于设置对象在鼠标悬停时的样式
:active	用于设置对象在被用户单击时的样式
:visited	用于设置A链接对象被访问后的样式
:focus	用于设置对象成为输入焦点时的样式
:first-child	用于设置属于其父元素的第一个子元素的样式
:first	用于设置页面第一页使用的样式

同样，CSS中也内置了几个标准伪元素，供用户定义样式，如表8-4所示。

表8-4　伪元素及其用途

伪元素	用途
:after	用于设置某一个对象之后的内容
:first-letter	用于设置对象内第一个字符的样式
:first-line	用于设置对象内第一行的样式
:before	用于设置某一个对象之前的内容

实际上，除了用于链接样式控制的:hover和:active几个伪类之外，大多数伪类与伪元素选择符在实际使用中并不常见。设计者在进行CSS布局时，大多关注的是排版及样式，对于伪类与伪元素选择符所支持的多类属性基本上很少用到，但不排除使用的可能。这也体现出CSS在处理样式及对象的逻辑关系和组织时提供了很多便利的接口。

9. 通配选择符

如果接触过DOS（Disk Operating System,磁盘操作系统）命令或是Word中的替换功能，对于通配操作应该不会陌生。通配操作是指使用特定字符替代不确定的字符或字符组合。如在DOS命令中，使用*表示所有文件，使用*.bat表示所有扩展名为.bat的文件。因此，所谓的通配选择符，指的是使用模糊指定的方式对对象进行选择。CSS的通配选择符使用*作为关键字，使用方法如下。

```
*{
margin:0px;
}
```

在CSS中，*号表示所有对象，包含所有不同id和不同class的HTML标签。使用如上的选择符进行样式定义时，页面中所有对象都会应用margin:0px的边距设置。

8.3 添加CSS

将样式表加入HTML中的方法有若干种，每种方法都有其优点和缺点。随着技术的不断发展，新的HTML元素和属性应运而生，使得样式表与HTML文档的整合变得更加便捷。

8.3.1 课堂案例——调用外部CSS

案例说明如表8-5所示。

表8-5　调用外部CSS

实例位置	实例文件→CH08→调用外部CSS→调用外部CSS.html
素材位置	素材文件→CH08→tu1.jpg、c1.css
视频名称	操作练习：调用外部CSS.mp4
技术掌握	调用外部CSS的操作

操作步骤如下。

① 打开Dreamweaver CC，单击"代码"按钮，进入"代码"视图，如图8-7所示。

② 在\<head>...\</head>标签对之间添加如下代码。

```
<link href="c1.css" rel="stylesheet" type="text/css">
```

微课视频

添加代码后，如图8-8所示。

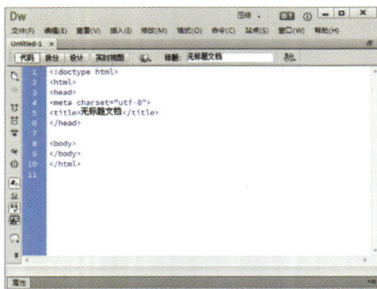

图8-7

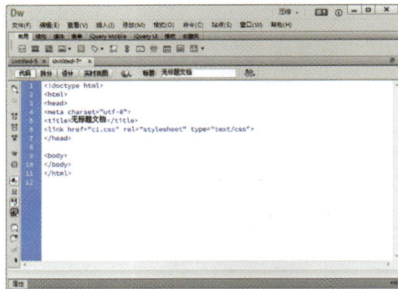

图8-8

提示

在输入的代码中，1ink href="c1.css"表示调用的是名为c1的外部CSS。

③ 在<body>...</body>标签对之间添加如下代码。

```
<div class="demo">
<div class="box box1">
  <p><img src="images/tu1.jpg" width="242" height="327" /><span style=
  "text-align: center"></span>草莓蛋糕 </p>
</div>
```

添加代码后，如图8-9所示。

④ 保存文件，按F12键浏览网页，效果如图8-10所示。

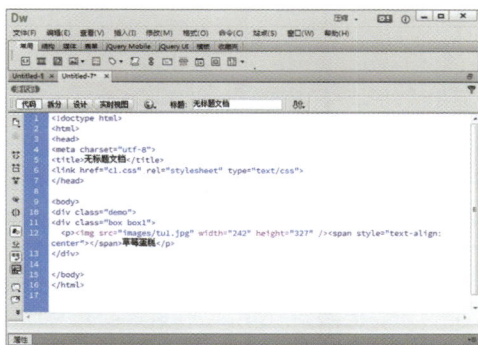

图8-9

图8-10

8.3.2 添加CSS的方式

1. 链接一个外部样式表

一个外部样式表可以通过HTML的<link>元素连接到HTML文档中，link标签放置在文档的<head>部分。可选的type属性用于指定样式表的媒体类型，允许浏览器忽略它们不支持的样式表类型。其基本语法如下。

```
<head><link rel="stylesheet" href="*.css" type="text/css" media="screen"></head>
```

外部样式表不能含有任何像<head>或<style>这样的HTML标签。样式表仅由样式规则或声明组成一个单独的、由p { margin:2em }组成的文件就可以用作外部样式表。*.css是单独保存的样式表文件，其中不能包含<style>标识符，并且只能以.css为后缀。

<link>标签也有一个可选的media属性，用于指定样式表适用的设备或媒体类型，它决定了使用样式表的网页将用什么媒体进行输出，其选项设置如下。

··Screen（默认）：适用于计算机屏幕显示。

· Print：适用于打印机输出。

· TV：适用于电视机显示。

· Projection：适用于投影仪显示。

· Aural：适用于通过扬声器播放的音频内容。

· Braille：适用于凸字触觉感知设备。

· Tty：适用于电传打字机。

· All：适用于以上所有媒体类型。

如果要使样式表适用于多种媒体，可以用逗号分隔多个媒体类型进行取值。

rel属性用于定义连接的文件和HTML文档之间的关系。rel="stylesheet"指定了一个固定或首选的外部样式表；而rel="alternate stylesheet"定义了一个交互式的样式表，用户可在某些情况下选择激活它以替换首选样式表。

使用外部样式表可以改变整个网站的外观，无须对每个HTML文件单独进行修改。大多数浏览器会将外部样式表保存在缓冲区，从而避免在载入网页时重新载入样式表。

2. 嵌入一个样式表

一个样式表可以使用\<style\>元素在HTML文档中嵌入，基本语法如下。

```
<head><style type="text/css">< !-- 样式表的具体内容 --></style></head>
```

例如以下示例代码。

```
<style type="text/css" media="screen">
/*
body  { background:url(foo.gif) red; color:black }
p em  { background:yellow; color:black }
.note { margin-left:5em; margin-right:5em }
*/
</style>
```

\<style\>元素应放在文档的\<head\>部分，其type属性用于指定媒体类型，\<link\>元素同样使用type属性。类似地，title和media属性也可以用\<style\>元素指定。type="text/css"表示样式表采用的是MIME类型，帮助不支持CSS的浏览器过滤掉CSS代码，避免在浏览器面前直接以源代码的方式显示样式表。但为了防止上述情况发生，还是有必要在样式表里加上注释标识符\<!--注释内容-->。

3. 联合使用样式表

以@import开头的联合样式表导入方式和使用\<link\>标签链接样式表的方式很相似，但联合样式表导入方式更有优势。它允许在导入外部样式表的同时，在同一个\<style\>标签内继续添加针对特定网页的额外样式规则，其格式如下。

```
< head>< style type="text/css">< !--@import "*.css"
其他样式表的声明 -->< /style>< /head>
```

例如以下代码示例。

```
<STYLE TYPE="text/CSS" MEDIA="screen, projection">
<!--
  @import url(http://www.htmlhelp.com/style.CSS);
  @import url(/stylesheets/punk.CSS);
  DT { background:yellow; color:black }
-->
</STYLE>
```

@import语句可以在CSS中再次引入其他样式表，比如可以创建一个主样式表，在主样式表中再引入其他的样式表。当一个页面被加载时（即被浏览者浏览时），通过\<link\>引用的CSS文件会同时被加载，而通过@import引入的CSS会等到页面全部下载完毕后才进行加载。

8.3.3　常用的元素

1. \<span\>元素

\<span\>允许网页制作者为其包裹的内容指定样式，但无须加在HTML元素之上。也就是说，

<span>是独立于HTML元素的。

　　<span>在样式表中是作为标识符使用的，而且也接受style class 和id属性，如下所示。

```
<span class="xx">...</span>
```

　　<span>是一个内联元素，存在的主要目的是为了应用样式。如果样式表无效或未被使用，它的存在也就没有意义。

　　2．<div>元素

　　<div>与<span>基本相似，或者说具有<span>所有的功能，但<div>还具有<span>不及的特色。<div>是一个块级元素，也就是所谓的"容器"，它具有自己独立的段落、独立的标题和独立的表格，类似于<html>...</html>标签结构。

　　请看如下代码。

```
<div class="mydiv">
<h1> 独立的标题 </h1>
<p> 独立的段落 </p>
<table>...</table>
</div>
```

　　这些功能<span>是没有的。<span>和<div>的区别在于<div>是一个块级元素，可以包含段落、标题、表格、章节、摘要和备注等；而<span>是内联元素，其前后不会换行，且没有结构的意义，主要用于应用样式。

8.4　练习案例

　　通过前面内容的学习，相信大家对CSS的基本操作已经有了一定的了解。为了让读者巩固本章的知识点，下面通过两个练习案例让大家更深入地理解本章的知识。

8.4.1　练习案例——制作下拉菜单

　　案例说明如表8-6所示。

表8-6　制作下拉菜单

实例位置	实例文件→ CH08→制作下拉菜单→制作下拉菜单.html
视频名称	练习案例：制作下拉菜单.mp4
技术掌握	下拉菜单的制作

　　操作步骤如下。

　　① 打开Dreamweaver CC，单击"代码"按钮，切换到"代码"视图，在<title>无标题文档</title>标签下方输入如下代码。

```
<style type="text/css">
* {
padding:0;
margin:0;
}
body {
```

微课视频

```
font-family:verdana, sans-serif;
font-size:small;
}
#navigation, #navigation li ul {
list-style-type:none;
}
#navigation {
margin:40px;
}
#navigation li {
float:left;
text-align:center;
position:relative;
}
#navigation li a:link, #navigation li a:visited {
display:block;
text-decoration:none;
color:#000;
width:120px;
height:30px;
line-height:30px;
border:1px solid #ECC181;
background:#c5dbf2;
padding-left:10px;
}
#navigation li ul {
display:none;
position:absolute;
top:40px;
left:0;
margin-top:1px;
width:120px;
}
#h{
position:absolute;
top:74px;
left: 40px;
}
</style>
<script type="text/javascript">
function displaySubMenu(li) {
var subMenu = li.getElementsByTagName("ul")[0];
```

```
subMenu.style.display = "block";
}
function hideSubMenu(li) {
var subMenu = li.getElementsByTagName("ul")[0];
subMenu.style.display = "none";
}
</script>
```

② 在<body>...</body>标签对之间输入如下代码。

```
<div>
 <div >
 <ul id="navigation">
<li onmouseover="displaySubMenu(li1)" onmouseout="hideSubMenu(this)"id=
"li1"><a href="#">游戏 </a>
    <ul>
        <li><a href="#">益智游戏 </a></li>
        <li><a href="#">体育游戏 </a></li>
        <li><a href="#">化妆游戏 </a></li>
    </ul>
  </li>
   <li onmouseover="displaySubMenu(this)" onmouseout="hideSubMenu(this)">
   <a href="#">视频 </a>
    <ul>
        <li><a href="#">宠物视频 </a></li>
        <li><a href="#">美食视频 </a></li>
        <li><a href="#">学习视频 </a></li>
        <li><a href="#">旅游视频 </a></li>
        <li><a href="#">运动视频 </a></li>
    </ul>
    </li>
    <li onmouseover="displaySubMenu(this)" onmouseout="hideSubMenu(this)">
    <a href="#">电影 </a>
     <ul>
        <li><a href="#">喜剧电影 </a></li>
        <li><a href="#">动画电影 </a></li>
        <li><a href="#">励志电影 </a></li>
        <li><a href="#">科幻电影 </a></li>
        <li><a href="#">动作电影 </a></li>
    </ul>
   </li>
  </ul>
 </div>
</div>
```

③ 保存文件并使用浏览器打开，显示效果如图8-11所示。

8.4.2 练习案例——商品图像的特殊效果 🔍

案例说明如表8-7所示。

表8-7　商品图像的特殊效果

实例位置	实例文件→CH08→商品图像的特殊效果→商品图像的特殊效果.html
素材位置	素材文件→CH08→tu2.jpg
视频名称	练习案例：商品图像的特殊效果.mp4
技术掌握	制作商品图像特效

微课视频

操作步骤如下。

① 切换到"代码"视图，在<title>...</title>标签对之间输入文字"制作商品图像的特殊效果"，如图8-12所示。

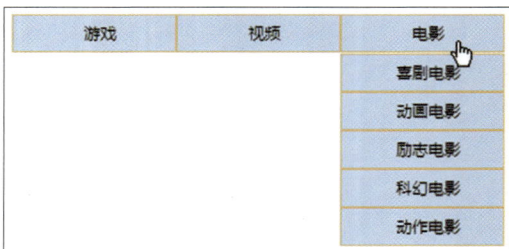

图8-11

```
<!doctype html>
<html>
<head>
<meta charset="utf-8">
<title>制作商品图像的特殊效果</title>
</head>

<body>
</body>
</html>
```

图8-12

② 将光标放置在</title>标签之后，按Enter键换行，然后输入如下代码。

```
<style type="text/css">
*{margin: 0;padding:0;}
    body {margin: 0; padding: 20px 100px;background-color: #f4f4f4;}
    pre{max-height:200px;overflow:auto;}
    div.demo {overflow:auto;}
    .box {
        width: 300px;
        min-height: 300px;
        margin: 30px;
        display: inline-block;
        background: #fff;
        border: 1px solid #ccc;
        position:relative;
    }
    .box p {
        margin: 30px;
        color: #aaa;
        outline: none;
    }
    /*=========Box1==========*/
```

```css
.box1{
    background: -webkit-gradient(linear, 0% 20%, 0% 100%, from(#fff),
    to(#fff), color-stop(.1,#f3f3f3));
    background: -webkit-linear-gradient(0% 0%, #fff, #f3f3f3 10%, #fff);
    background: -moz-linear-gradient(0% 0%, #fff, #f3f3f3 10%, #fff);
    background: -o-linear-gradient(0% 0%, #fff, #f3f3f3 10%, #fff);
    -webkit-box-shadow: 0px 3px 30px rgba(0, 0, 0, 0.1) inset;
    -moz-box-shadow: 0px 3px 30px rgba(0, 0, 0, 0.1) inset;
    box-shadow: 0px 3px 30px rgba(0, 0, 0, 0.1) inset;
    -moz-border-radius: 0 0 6px 0 / 0 0 50px 0;
    -webkit-border-radius: 0 0 6px 0 / 0 0 50px 0;
    border-radius: 0 0 6px 0 / 0 0 50px 0;
}

    .box1:before{
    content: '';
    width: 50px;
    height: 100px;
    position:absolute;
    bottom:0; right:0;
    -webkit-box-shadow: 20px 20px 10px rgba(0, 0, 0, 0.1);
    -moz-box-shadow: 20px 20px 15px rgba(0, 0, 0, 0.1);
    box-shadow: 20px 20px 15px rgba(0, 0, 0, 0.1);
    z-index:-1;
    -webkit-transform: translate(-35px,-40px) skew(0deg,30deg) rotate(-25deg);
    -moz-transform: translate(-35px,-40px) skew(0deg,32deg) rotate(-25deg);
    -o-transform: translate(-35px,-40px) skew(0deg,32deg) rotate(-25deg);
        transform: translate(-35px,-40px) skew(0deg,32deg) rotate(-25deg);
}

    .box1:after{
    content: '';
    width: 100px;
    height: 100px;
    top:0; left:0;
    position:absolute;
    display: inline-block;
    z-index:-1;
    -webkit-box-shadow: -10px -10px 10px rgba(0, 0, 0, 0.2);
    -moz-box-shadow: -10px -10px 15px rgba(0, 0, 0, 0.2);
    box-shadow: -10px -10px 15px rgba(0, 0, 0, 0.2);
    -webkit-transform: rotate(2deg) translate(20px,25px) skew(20deg);
    -moz-transform: rotate(7deg) translate(20px,25px) skew(20deg);
    -o-transform: rotate(7deg) translate(20px,25px) skew(20deg);
        transform: rotate(7deg) translate(20px,25px) skew(20deg);
}
```

```
</style>
</head>
<body>
<div class="demo">
<div class="box box1">
  <p><img src="images/tu2.jpg" width="242" height="327" /><span style=
  "text-align: center"></span>DAHONGFA 金店 </p>
</div>
</div>
```

③ 保存文件并用浏览器打开，显示效果如图8-13所示。

图8-13

第 9 章

CSS3 中的属性设置

本章导读

从CSS的基本语句就可以看出，属性是CSS中非常重要的部分。熟练掌握CSS的各种属性会使页面编辑更加便捷，本章将介绍CSS中的一些重要属性。

本章学习任务

· CSS中的字体以及文本控制

· CSS中的颜色及背景控制

· CSS中的方框控制属性

· CSS中的分类属性

9.1 CSS中的字体以及文本控制

本节介绍CSS中的字体以及文本控制。

9.1.1 课堂案例——指定文字字体与添加下画线 🔍

案例说明如表9-1所示。

表9-1　指定文字字体与添加下画线

实例位置	实例文件→CH09→指定文字字体与添加下画线→指定文字字体与添加下画线.html
视频名称	操作练习：指定文字字体与添加下画线.mp4
技术掌握	设置字体与样式

操作步骤如下。

① 打开Dreamweaver CC，单击"代码"按钮，进入"代码"视图，在\<head\>...\</head\>标签对之间添加如下代码。

```
<style>
  .underline {
    font-family: 楷体 ;
    text-decoration: underline;
  }
</style>
```

微课视频

添加代码后的"代码"视图如图9-1所示。

② 在\<body\>...\</body\>标签对之间添加如下代码，表示在网页中输入文字。

```
<p class="underline">设置文字字体并添加下画线。</p>
```

③ 保存文件，使用浏览器打开后，显示效果如图9-2所示。

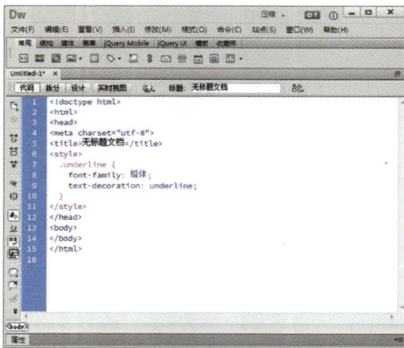

图9-1

设置文字字体并添加下画线。

图9-2

9.1.2 字体属性 🔍

字体属性是最基本的属性，网页制作中经常都会使用到，它主要包括以下属性。

1. font-family

font-family是指使用的字体名称，其属性值可以包括本机上所有已安装的字体。其基本语法如下。

```
font-family: 字体名称
```

请看以下代码示例。

```
<p style="font-family:Verdana">beautiful</p>
```

这段代码定义了beautiful将以Verdana字体显示，如图9-3所示。

如果在font-family后添加多种字体的名称，浏览器会按字体名称的顺序逐一在用户的计算机里寻找已安装的字体。一旦找到匹配的字体，就用这种字体显示网页内容并停止搜索。如果没有匹配的字体，就继续搜索，直到找到为止。如果样式表中的所有字体都没有安装，浏览器就会使用其默认的字体来显示网页内容。

2. font-style

font-style是指字体是否使用特殊样式，属性值为italic（斜体）、normal（正常）、oblique（倾斜），其基本语法如下。

```
font-style: 特殊样式属性值
```

请看以下代码示例。

```
<p style="font-style:italic">CSS 样式 </p>
```

这段代码将文本"CSS样式"设置为斜体（italic），如图9-4所示。

beautiful　　　　　　　　*CSS样式*

图9-3 　　　　　　　　　　图9-4

3. text-transform

text-transform用于控制文字的大小写。该属性可以使网页的设计者不用在输入文字时就确定文字的大小写，而可以在输入完毕后根据需要对局部的文字设置大小写。其基本语法如下。

```
text-transform: 大小写属性值
```

text-transform的属性值，介绍如下。

· uppercase：表示所有文字大写显示。
· lowercase：表示所有文字小写显示。
· capitalize：表示每个单词的首字母大写显示。
· none：不继承母体的文字变形参数。

4. font-size

font-size用于定义字体的大小，其基本语法如下。

```
font-size: 字号属性值
```

提示 🔊▶

字体大小单位

· point（点）：point在所有的浏览器和操作平台上都适用。

· em：em是相对长度单位，相对于当前对象内文本的字体尺寸。如果当前对象内文本的字体尺寸未被人为设置，则相对于浏览器的默认字体尺寸。

· pixels（像素）：该单位适用于所有操作平台，但可能会因为浏览者的屏幕分辨率不同而造成显示效果的差异。

> **提示** 🔊▶
> ·in（英寸）：英寸是绝对长度单位，1 in = 2.54 cm = 25.4 mm = 72 pt = 6 pc。
> ·cm（厘米）：厘米也是绝对长度单位。
> ·mm（毫米）：毫米也是绝对长度单位。
> ·pc（打印机的字体大小）：pc是绝对长度单位，相当于新四号铅字的尺寸。
> ·ex（x-height）：ex是相对长度单位，相对于字符x的高度，此高度通常为字体尺寸的一半。如果当前对象内文本的字体尺寸未被人为设置，则相对于浏览器的默认字体尺寸。

5. text-decoration

text-decoration表示文字的修饰，主要用于改变浏览器显示文字或链接时的装饰效果。其基本语法如下。

```
text-decoration：下画线属性值
```

text-decoration属性值的相关介绍如下。
·Underline：为文字加下画线。
·Overline：为文字加上画线。
·line-through：为文字加删除线。
·blink：使文字闪烁。
·none：不显示上述任何效果。

9.1.3 文本属性 🔍

1. word-spacing

word-spacing表示单词间距，即英文单词之间的距离，不包括中文文字。其基本语法如下。

```
word-spacing：间隔距离属性值
```

word-spacing的属性值为point、em、pixels、in、cm、mm、pc、ex、normal等。

2. letter-spacing

letter-spacing表示字母间距，即英文字母之间的距离。该属性的功能、用法以及参数设置和word-spacing很相似，其基本语法如下。

```
letter-spacing：字母间距属性值
```

letter-spacing的属性值与word-spacing相同，分别为points、em、pixels、in、cm、mm、pc、ex、normal等。

3. line-height

line-height表示行距，即上下两行基准线之间的垂直距离。一般来说，英文五线格练习本从上往下数的第3条横线就是计算机所认为的该行的基准线。其基本语法如下。

```
line-height：行间距离属性值
```

关于行距的取值，不带单位的数字以1为基数，相当于比例关系的100%；带长度单位的数字以具体的单位为准。

如果文字字体很大而行距相对较小的话，可能会发生上下两行文字互相重叠的现象。

4. text-align

text-align表示文本水平对齐。该属性不仅可以控制文字及表格的水平对齐，也可以控制图片、影像资料的对齐方式。其基本语法如下。

> `text-align: 属性值`

text-align的属性值分别如下。
- left：左对齐。
- right：右对齐。
- center：居中对齐。
- justify：两端对齐。

需要注意的是，text-alight是块级属性，只能用在\<p\>、\<blockquqte\>、\<ul\>、\<h1\>~\<h6\>等块级元素中。

5. vertical-align

vertical-align表示文本垂直对齐。文本的垂直对齐应当是相对于文本母体的位置而言的，而不是指文本在网页中垂直对齐。例如，表格的单元格里有一段文本，那么对这段文本设置垂直居中就是针对单元格来衡量的，也就是说文本将在单元格的正中显示，而不是在整个网页的正中。其基本语法如下。

> `vertical-align: 属性值`

vertical-align的属性值分别如下。
- top：顶部对齐。
- bottom：底部对齐。
- text-top：相对文本顶部对齐。
- text-bottom：相对文本底部对齐。
- baseline：基准线对齐。
- middle：中心对齐。
- sub：以下标的形式显示。
- super：以上标的形式显示。

6. text-indent

text-indent表示文本的缩进，主要用于中文版式的首行缩进或将大段的引用文本和备注做成缩进格式。其基本语法如下。

> `text-indent: 缩进距离属性值`

缩进距离属性值主要是带长度单位的数字或比例关系。

需要注意的是，在使用比例关系时，有人会认为浏览器默认的比例是相对于段落的宽度而言的。其实并非如此，整个浏览器的窗口才是浏览器所默认的参照物。

另外，text-indent是块级属性，只能用在\<p\>、\<blockquqte\>、\<ul\>、\<h1\>~\<h6\>等块级元素中。

9.2　CSS中的颜色及背景控制

CSS中的颜色及背景控制主要是指对颜色属性、背景颜色、背景图像、背景图像的重复、背景图像的固定和背景定位这6个部分的控制。

9.2.1　课堂案例——设置网页背景图像

案例说明如表9-2所示。

表9-2 设置网页背景图像

实例位置	实例文件→CH09→设置网页背景图像→设置网页背景图像.html
素材位置	素材文件→CH09→bjtx.jpg
视频名称	操作练习：设置网页背景图像.mp4
技术掌握	设置网页背景图像的方法

操作步骤如下。

① 打开Dreamweaver CC，单击"代码"按钮，进入"代码"视图，在<head>...</head>标签对之间添加如下代码。

```
<style type="text/css">
```

② 继续添加如下代码，表示将名称为bjtx的.jpg图像设置为网页背景。

```
body { background-image:url(images/bjtx.jpg) }
```

微课视频

添加代码后的"代码"视图如图9-5所示。

③ 保存文件，按F12键浏览网页，效果如图9-6所示。

```
<!doctype html>
<html>
<head>
<meta charset="utf-8">
<title>无标题文档</title>
<style type="text/css">
body { background-image:url(images/bjtx.jpg) }
</head>

<body>
</body>
</html>
```

图9-5

图9-6

9.2.2 对颜色属性的控制

颜色属性允许网页制作者为元素指定颜色，在查看单位时可以了解颜色值的描述。其基本语法如下。

```
color:颜色参数值
```

颜色取值范围可以用RGB值表示，也可以使用十六进制的数字色标值表示或以默认颜色的英文名称表示。以默认颜色的英文名称表示无疑是最为方便的，但由于预定义的颜色种类太少，所以更多的网页设计者会用RGB值或十六进制的数字色标值。RGB值可以用数字的形式精确地表示颜色，也是很多图像制作软件（比如Photoshop）默认使用的颜色表示规范。

9.2.3 对背景颜色的控制

在HTML中，要为某个对象加上背景颜色只有1种方式，即先制作1个表格，在表格中设置完背景颜色后再把对象放进单元格中。这样做比较麻烦，不但代码较多，而且表格的大小和定位也很烦琐。而用CSS则可以轻松地解决这些问题，且使用范围广，可以是1段文字，也可以是1个单词或1个字母。其基本语法如下。

```
background-color:参数值
```

背景颜色的属性值同颜色属性的取值相同，可以用RGB值表示，也可以使用十六进制的数字色标值表示，还可以用默认颜色的英文名称表示，其默认值为transparent（透明）。

9.2.4　对背景图像的控制

对背景图像控制的基本语法如下。

```
background-image:url (URL)
```

URL就是背景图像的存放路径。如果用none来代替背景图像的存放路径，则不显示图像。使用该属性来设置一个元素的背景图像，其代码如下。

```
body { background-image:url(/images/foo.gif) }
p { background-image:url(http://www.htmlhelp.com/bg.png) }
```

9.2.5　对背景图像重复的控制

背景图像重复控制的是背景图像是否平铺。当属性值为no-repeat时，表示不平铺背景图像；当属性值为repeat-x时，表示背景图像只在水平方向上平铺；当属性值为repeat-y时，表示背景图像只在垂直方向上平铺。也就是说，通过结合对背景定位的控制，可以在网页上的某处单独显示一幅背景图像。其基本语法如下。

```
background-repeat: 属性值
```

如果不指定background-repeat的属性值，浏览器默认的是背景图像在水平、垂直两个方向上同时平铺。

9.2.6　对背景图像固定的控制

背景图像的固定是指控制背景图像是否随网页的滚动而滚动。如果不设置背景图像的固定属性，浏览器默认背景图像随网页的滚动而滚动。其基本语法如下。

```
background-attachment: 属性值
```

当属性值为fixed时，网页滚动时背景图片相对于浏览器的窗口固定不动；当属性值为scroll时，网页滚动时背景图片跟随浏览器的窗口一起滚动。

9.2.7　对背景定位的控制

背景定位用于控制背景图片在网页中的显示位置，其基本语法如下。

```
background-position: 属性值
```

background-position的属性值介绍如下。
- top：与参考对象的顶部对齐。
- bottom：与参考对象的底部对齐。
- left：与参考对象的左侧对齐。
- right：与参考对象的右侧对齐。
- center：在参考对象内居中对齐。

提示

background-position属性值中的center如果用在另外1个属性值的前面，表示水平居中；如果用在另外1个属性值的后面，表示垂直居中。

9.3 CSS中的方框控制属性

CSS规定了一个容器（BOX），它储存了一个对象所有可操作的样式，包括内容、边框、内边距、外边距4个部分，它们之间的关系如图9-7所示。

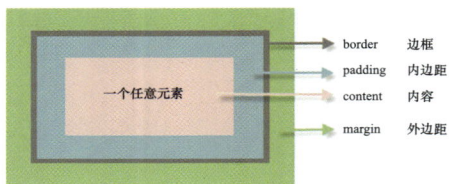

图9-7

9.3.1 外边距

外边距位于BOX模型的最外层，包括4项属性，分别如下。

· margin-top：设置元素顶部的外边距。

· margin-right：设置元素右边的外边距。

· margin-bottom：设置元素底部的外边距。

· margin-left：设置元素左边的外边距。

外边距的距离可以用带长度单位的数字表示。当使用margin属性的简化方式时，可以在其后连续加上4个带长度单位的数字，分别设置元素上、下、左、右4个方向的外边距，有效单位为mm、cm、in、pixels、pt、pica、ex和em。

可以使用父元素宽度的百分比或auto（自动）来设置margin-top、margin-right、margin-bottom、margin-left的值，这些值之间要用空格分隔。例如以下代码。

```
<html>
<head>
<title>CSS 示例 </title>
<meta http-equiv="Content-Type" content="text/html; charset=gb2312">
</head>
<body bgcolor="#FFFFFF">
<pstyle="BACKGROUND:gray;FONT-SIZE:20pt;MARGIN-TOP:1em"title="margin-
top:1em;font-size:20pt;background:gray">MARGIN-TOP</p>
<pstyle="BACKGROUND:lightgreen;FONT-SIZE:16pt;MARGIN-LEFT:70px;MARGIN-
RIGHT:50px"title="margin-left:70px;margin-right:50px;font-
size:16pt;background:lightgreen">MARGIN-LEFT,RIGHT</p>
</body>
</html>
```

将以上代码保存，使用浏览器打开后显示效果如图9-8所示。

再看以下代码。

```
<html>
<head>
```

```
<title>CSS 示例</title>
<meta http-equiv="Content-Type" content="text/html; charset=gb2312">
</head>
<body bgcolor="#FFFFFF">
<pstyle="background:lightgreen;margin:2em 10% 5% 20%" title="margin:
2em 10% 5% 20%;background:lightgreen">段落边界设置</p>
</body>
</html>
```

将以上代码保存，使用浏览器打开后，显示效果如图9-9所示。

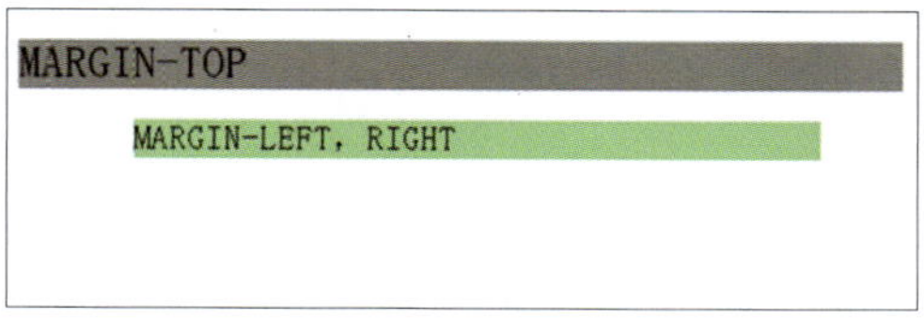

图9-8

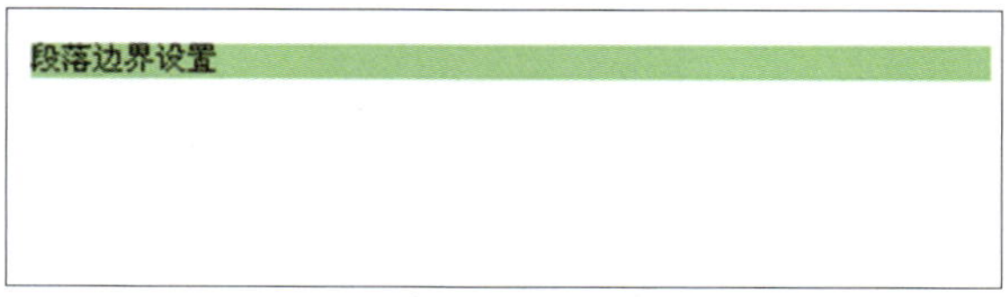

图9-9

9.3.2　边框

边框位于外边距和内边距之间，包含7项属性，分别如下。
- border-top：顶边框宽度。
- border-right：右边框宽度。
- border-bottom：底边框宽度。
- border-left：左边框宽度。
- border-width：所有边框宽度。
- border-color：边框颜色。
- border-style：边框样式参数。

其中border-width可以一次性设置所有的边框宽度；用border-color同时设置4条边框的颜色时，可以连续写上4种颜色并用空格分隔。连续设置时，会按照border-top、border-right、border-bottom、border-left的顺序进行设置。border-style相对其他属性而言稍稍复杂些，因为它还包括了多个边框样式的参数，如下所示。
- none：无边框。
- dotted：边框为点线。
- dashed：边框为长短线。
- solid：边框为实线。
- double：边框为双线。
- groove：创建一个3D效果的凹槽边框，其颜色由border-color属性指定。
- ridge：创建一个3D效果的垄状边框，其颜色由border-color属性指定。
- inset：创建一个3D效果的嵌入边框，其颜色由border-color属性指定。
- outset：创建一个3D效果的凸出边框，其颜色由border-color属性指定。

9.3.3　内容

内容即填充距，指的是元素内容与元素边框之间的空间。padding包括4项属性，如下所示。
- padding-top：设置元素顶部的填充距。

· padding-right：设置元素右边的填充距。

· padding-bottom：设置元素底部的填充距。

· padding-left：设置元素左边的填充距。

和margin类似，也可以用padding一次性设置所有4个方向的填充距，格式与margin相似，此处不再赘述。

9.4　CSS中的分类属性

在HTML5中，用户无须使用前面提到的一些字体、颜色、容器属性来对字体、颜色、边距、填充距等进行初始化，因为在CSS中已经提供了专用的分类属性来处理这些样式。

9.4.1　课堂案例——设置网页目录

案例说明如表9-3所示。

表9-3　设置网页目录

实例位置	实例文件→CH09→设置网页目录→设置网页目录.html
素材位置	素材文件→CH09→xzbj.jpg
视频名称	操作练习：设置网页目录.mp4
技术掌握	设置网页目录的方法

操作步骤如下。

① 打开Dreamweaver CC，单击"代码"按钮，进入"代码"视图，在\<head>...\</head>标签对之间添加如下代码。

```
<style type="text/css">//* 定义 CSS*//
<!—
p{display:block;white-space:normal}
em{display:inline}
li{display:list-item;list-style:square}
img{display:block}
-->
</style>
```

微课视频

② 在\<body>...\</body>标签对之间添加如下代码。

```
<p><em> 选择背景图像 </p>
<ul>
  <li> 背景图像 1</li>
<li> 背景图像 2</li> <li> 背景图像 3</li> </ul>
<p><img src="images/xzbj.jpg" width="458" height="300"
alt= "invisible"></p>
```

本例完整代码如图9-10所示。

③ 保存文件，按F12键浏览网页，效果如图9-11所示。

```
<html>
<head>
<title>无标题文档</title>
<style type="text/css">//*定义css*//
<!--
p{display:block;white-space:normal}
em{display:inline}
li{display:list-item;list-style:square}
img{display:block}
-->
</style>
</head>
<body>
<p><em>选择背景图像</em></p>
<ul>
  <li>背景图像 1</li>
<li>背景图像 2</li> <li>背景图像 3</li> </ul>
<p><img src="images/xzbj.jpg" width="458" height="300"
alt="invisible"></p>
</body>
</html>
```

图9-10

图9-11

9.4.2 目录样式

list-style 属性是 list-style-type（目录样式类型）、list-style-position（目录样式位置）和 list-style-image（目录样式图像）属性的缩写，用于将这3个目录样式属性放在一条语句中进行设置。其基本语法如下。

```
list-style: 属性值
```

list-style的属性值为目录样式类型、目录样式位置或 url。
例如以下代码。

```
li.square { list-style:square inside }
ul.plain { list-style:none }
ul.check { list-style:url(/LI-markers/checkmark.gif) circle }
ol { list-style:upper-alpha }
ol ol { list-style:lower-roman inside }
```

其中list-style-position的语法如下。

```
list-style-position: 属性值
```

list-style-position 用于设置列表项标记的位置，包括outside和inside两个属性值。其中outside是默认值，表示列表项标记位于列表项目内容的外侧，即突出到内容左边界以外；inside表示列表项标记位于列表项目内容的内侧，即与内容的左边界对齐。如果使用了 inside 值，换行符会移动到标记下方，而不是像 outside 那样保持缩进。示例代码如下。

```
Outside rendering:
* List item 1
second line of list item
Inside rendering:
* List item 1
second line of list item
```

9.4.3 display

display属性的基本语法如下。

```
display: 属性值
```

display的属性值为block（默认）时，表示在对象前后都换行；为inline时，表示在对象前后都不换行；为list-item时，表示在对象前后都换行且增加了列表项标记；none表示元素不显示。

9.4.4　white-space

white-space属性用于处理元素内的空格和换行，其基本语法如下。

```
white-space: 属性值
```

white-space的属性值为normal时，表示把多个空格替换为1个来显示；属性值为pre时，表示按输入显示空格；属性值为nowrap时，表示禁止换行。但要注意的是，white-space也是一个块级属性。

9.4.5　list-style-type

list-style-type用于设置列表项标记（也称为强调符）的类型，其基本语法如下。

```
list-style-type: 属性值
```

list-style-type的属性值如下。
- none：无强调符。
- disc：碟形强调符（实心圆）。
- circle：圆形强调符（空心圆）。
- square：方形强调符（实心方块）。
- decimal：十进制数字强调符。
- lower-roman：小写罗马数字强调符。
- upper-roman：大写罗马数字强调符。
- lower-alpha：小写字母强调符。
- upper-alpha：大写字母强调符。

例如以下代码：

```
li.square{list-style-type:square }
ul.plain{list-style-type:none }
ol {list-style-type:upper-alpha }        /* A B C D E etc. */
ol ol{list-style-type:decimal }          /* 1 2 3 4 5 etc. */
ol ol ol{list-style-type:lower-roman }   /* i ii iii iv v etc. */
```

9.4.6　list-style-image

list-style-image用于在列表项前加入图像，其基本语法如下。

```
list-style-image: 属性值
```

list-style-image的属性值为url时，表示加入图像的URL地址；属性值为none时，表示不加入图像。例如以下代码。

```
UL.check { list-style-image:url ( /LI-markers/checkmark.gif ) }
UL LI.x{ list-style-image:url ( x.png ) }
```

9.4.7　cursor　🔍

当把鼠标光标移动到不同的地方或当鼠标光标需要执行不同的功能时，光标的形状都会发生改变。我们也可以用CSS来改变鼠标的属性，就是当鼠标移动到不同的元素对象上时，让光标以不同的形状、图案进行显示。在CSS中，该功能是通过cursor属性实现的，其基本语法如下。

```
cursor: 属性值
```

cursor的属性值为auto、crosshair、default、hand、move、help、wait、text、w-resize、s-resize、n-resize、e-resize、ne-resize、sw-resize、se-resize、nw-resize、pointer和url，它们所代表的含义如下。

- style="cursor:auto"：默认形状。
- style="cursor:crosshair"：十字形。
- style="cursor:default"：默认箭头光标。
- style="cursor:hand"：手形。
- style="cursor:move"：十字箭头形。
- style="cursor:help"：问号形。
- style="cursor:wait"：沙漏形。
- style="cursor:text"：文本形。
- style="cursor:text"：I形。
- style="cursor:w-resize"：左箭头形。
- style="cursor:s-resize"：下箭头形。
- style="cursor:n-resize"：上箭头形。
- style="cursor:e-resize"：右箭头形。
- style="cursor:ne-resize"：右上箭头形
- style="cursor:sw-resize"：左下箭头形。
- style="cursor:se-resize"：右下箭头形。
- style="cursor:nw-resize"：左上箭头形。
- style="cursor:pointer"：手形。
- style="cursor:url"：由指定的图像文件决定。

请看如下代码。

```html
<html>
    <head>
<meta charset="utf-8">
<style type="text/css">
body {
background-image: url(images/sj.jpg);
}
</style>
        <title>changemouse</title>
        </head>
        <body>
        <h1 style="font-family:宋体 ;color:white"> 鼠标效果 </h1>
        <p style="font-family: 黑体 ;font-size:16pt;color:white">
```

```
请把鼠标移到相应的位置观看效果。</p>
<div style="font-family:行书体;font-size:24pt;color:white;"><p>
<span style="cursor:hand">鼠标的形状</span><br><br>
 <span style="cursor:move">移动</span><br><br>
 <span style="cursor:ne-resize">反方向</span><br><br>
 <span style="cursor:wait">等待</span><br><br>
 <span style="cursor:help">求助</span>
</p>
</div>
</body>
</html>
```

将代码保存为HTML文件并用浏览器打开，显示效果如图9-12所示。

图9-12

9.5 练习案例

通过前面内容的学习，相信大家对CSS的属性已经有了一定的了解。为了让读者巩固本章知识点，下面通过两个练习案例让大家更深入地了解本章的知识。

9.5.1 练习案例——制作文字特效　🔍

案例说明如表9-4所示。

表9-4　制作文字特效

实例位置	实例文件→CH09→制作文字特效→制作文字特效.html
素材位置	素材文件→CH09→dm.jpg
视频名称	练习案例：制作文字特效.mp4
技术掌握	制作文字特效的操作

操作步骤如下。

① 打开Dreamweaver CC，单击"代码"按钮，切换到"代码"视图，在<title>无标题文档</title>标签下方输入如下代码，表示为网页设置背景图像。

```
<style type="text/css">
body {
```

```
background-image: url(images/dm.jpg);
background-repeat: no-repeat;
}
</style>
```

代码在"代码"视图中的显示效果如图9-13所示。

```
<head>
<meta charset="utf-8">
<title>无标题文档</title>
<style type="text/css">
body {
    background-image: url(images/dm.jpg);
    background-repeat: no-repeat;
}
</style>
</head>
<body>
</body>
</html>
```

图9-13

② 在<body>...</body>标签对之间输入如下代码。

```
<style type="text/css">
<!--
a {
float:left;
margin:5px 1px 0 1px;
width:20px;
height:20px;
color:#FFF;
font:12px/20px 宋体 ;
text-align:center;
text-decoration:none;
border:1px solid orange;
}
a:hover {
position:relative;
margin:0 -9px 0 -9px;
padding:0 5px;
width:30px;
height:30px;
font:bold 16px/30px 宋体 ;
color:#000;
border:1px solid black;
background:#eee;
}
-->
</style>
<div>
```

```
<a href="#">在</a>
<a href="#">炫</a>
<a href="#">酷</a>
<a href="#">动</a>
<a href="#">漫</a>
<a href="#">看</a>
<a href="#">各</a>
<a href="#">种</a>
<a href="#">动</a>
<a href="#">漫</a>
</div>
```

③ 保存文件，用浏览器打开后，显示效果如图9-14所示。

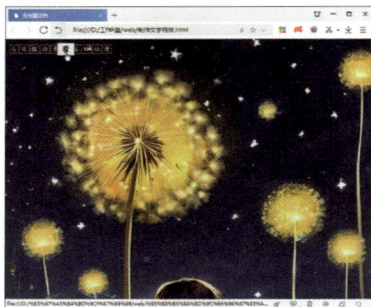

图9-14

9.5.2 练习案例——制作导航特效

案例说明如表9-5所示。

表9-5　制作导航特效

实例位置	实例文件→CH09→制作导航特效→制作导航特效.html
素材位置	素材文件→CH09→d1bj.jpg
视频名称	练习案例：制作导航特效.mp4
技术掌握	使用CSS制作导航特效

操作步骤如下。

① 打开Dreamweaver CC，单击"代码"按钮，切换到"代码"视图，在<title>无标题文档</title>标签下方输入如下代码，表示为网页设置背景图像。

```
<style type="text/css">
body {
background-image: url(images/d1bj.jpg);
}
</style>
```

微课视频

② 在<body>...</body>标签对之间输入如下代码。

```
<nav>
```

```html
    <ul class="nav-links">
        <li><a href="#">首页</a></li>
        <li><a href="#">点餐</a></li>
        <li><a href="#">服务</a></li>
        <li><a href="#">联系我们</a></li>
    </ul>
</nav>
<style type="styles.css">
/* 样式化导航栏 */
nav {
    background-color: #333;
    display: flex;
    justify-content: center;
    align-items: center;
    height: 60px;
}

.nav-links {
    list-style: none;
    display: flex;
    padding: 0;
    margin: 0;
}

.nav-links li {
    position: relative;
    margin: 0 15px;
}

.nav-links li a {
    display: inline-block;
    position: relative;
    color: #fff;
    text-decoration: none;
    font-size: 1.2rem;
    padding: 10px 15px;
    z-index: 1;
    transition: color 0.3s ease;
}

.nav-links li a::before {
    content: ";
    position: absolute;
    top: 0;
```

```
        left: 0;
        width: 100%;
        height: 100%;
        background: #ff9966;
        border-radius: 5px;
        z-index: -1;
        transition: transform 0.3s ease, background 0.3s ease;
        transform: scale(1, 1);
    }

.nav-links li a::after {
        content: '';
        position: absolute;
        bottom: 0;
        left: 0;
        width: 100%;
        height: 3px;
        background: #ff5e62;
        opacity: 0;
        transition: opacity 0.3s ease;
    }

.nav-links li a:hover::before {
        background: #ff5e62;
        transform: scale(1.05, 1.05);
    }

.nav-links li a:hover::after {
        opacity: 1;
    }

.nav-links li a:hover {
        color: #fff;
    }

/* 去除列表项前面的标记 */
.nav-links li {
        list-style: none;
    }
```

③ 保存文件并用浏览器打开，显示效果如图9-15所示。

图9-15

第10章

使用 CSS3 设置表格与表单样式

本章导读

表格不仅用于制作行列式的数据结构，更重要的是能帮助设计师有序地排列图片和文字。熟练掌握并灵活应用表格的各种属性，可以使网页更加赏心悦目。因此，表格的使用是网页设计人员必须掌握的基础技能。同样，表单在网站的创建中也起着重要的作用，也是应该重点掌握的技能。在实际应用中，读者应根据不同情况灵活创建表单对象，制作出既实用又美观的网页。本章将介绍使用CSS设置表格和表单样式的方法与技巧。

本章学习任务

· 设置表格样式
· 设置表单样式

10.1　设置表格样式

为表格设置样式可以提升其美观度和可读性，从而增强网页的吸引力。

10.1.1　课堂案例——创建细线表格

案例说明如表10-1所示。

表10-1　创建细线表格

实例位置	实例文件→CH10→创建细线表格→创建细线表格.html
素材位置	素材文件→CH10→1.jpg-12.jpg
视频名称	操作练习：创建细线表格.mp4
技术掌握	表格样式的设置

很多网站都采用细线表格来展示图像，看上去不但精美而且颇具清新风格。下面我们就来制作一个细线表格，操作步骤如下。

① 构建表格的基本结构，在<body>标签中输入以下代码。

```
<table width="430" border="1">          /* 创建表格 */
  <tr>
    <td> </td>
    <td> </td>
    <td> </td>
    <td> </td>
  </tr>
  <tr>
    <td> </td>
    <td> </td>
    <td> </td>
    <td> </td>
  </tr>
  <tr>
    <td> </td>
    <td> </td>
    <td> </td>
    <td> </td>
  </tr>
</table>
```

微课视频

此时的表格效果如图10-1所示。

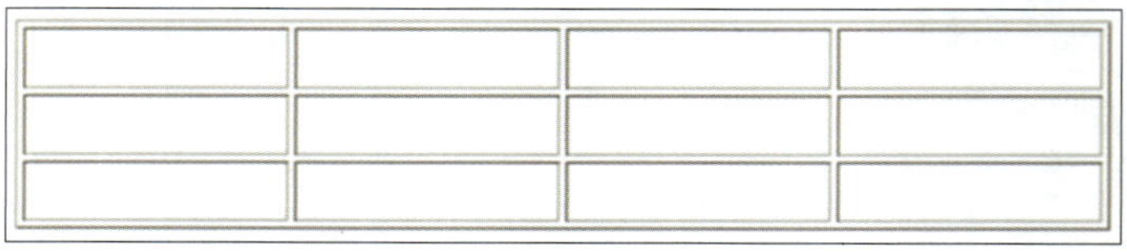

图10-1

② 分别在各个单元格中放置图像，也就是在<td>标签中加入图像的链接，代码如下：

```
<table width="430" border="1">
  <tr>
    <td align="center"><img src="images/1.JPG" width="106" height="104" /></td>
    <td align="center"><img src="images/2.JPG" width="105" height="101" /></td>
    <td align="center"><img src="images/3.JPG" width="109" height="105" /></td>
    <td align="center"><img src="images/4.JPG" width="107" height="104" /></td>
  </tr>
  <tr>
    <td align="center"><img src="images/5.JPG" width="106" height="105" /></td>
    <td align="center"><img src="images/6.JPG" width="106" height="105" /></td>
    <td align="center"><img src="images/7.JPG" width="106" height="103" /></td>
    <td align="center"><img src="images/8.JPG" width="106" height="103" /></td>
  </tr>
  <tr>
    <td align="center"><img src="images/9.JPG" width="106" height="105" /></td>
    <td align="center"><img src="images/10.JPG" width="105" height="104" /></td>
    <td align="center"><img src="images/11.JPG" width="106" height="104" /></td>
    <td align="center"><img src="images/12.JPG" width="106" height="104" /></td>
  </tr>
</table>
```

加入图像后的表格效果如图10-2所示。

③ 使用CSS设置表格与单元格的边框颜色，代码如下。

```
<style type="text/css">
table,th,td{
border:1px solid green;            /* 设置表格与单元格的边框颜色 */
}
</style>
```

设置颜色后的表格效果如图10-3所示。

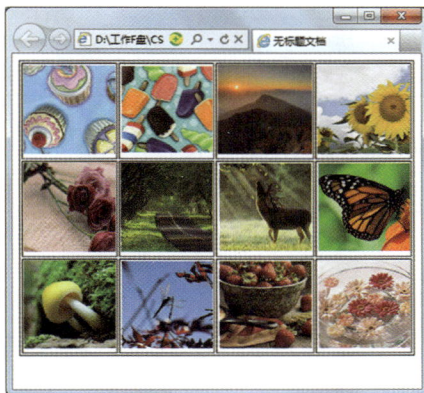

图10-2

图10-3

④ 经过上一步的操作后，可以看到单元格的边框之间还有间隙。这时候就要设置CSS中的border-collapse属性，使表格边框合并为单一边框，代码如下。

```
table
    {
    border-collapse:collapse;                    /* 合并边框 */
    }
```

合并边框之后的效果如图10-4所示。

10.1.2 设置表格颜色

在HTML中，既可以对整个表格填充背景颜色，也可以对任何一行、任何一个单元格设置背景颜色。如图10-5所示，深色为整个表格的背景颜色，浅灰色为第2行单元格的背景颜色，白色为第4行第2个单元格的背景颜色。

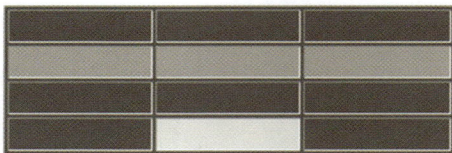

图10-4   图10-5

在HTML中，表格是用<table>标签定义的，是HTML中比较重要的标签。表格被划分为行（使用<tr>标签），每行又被划分为数据单元格（使用<td>标签）。td表示表格数据（table data），即数据单元格的内容。数据单元格可以包含文本、图像、列表、段落、表单、水平线等。

在HTML中，表格的基本标签如表10-2所示。

表10-2　表格的基本标签

标签名称	具体含义	重要程度
<table>...</table>	用于定义表格，该标签必须成对使用	高
<caption>...</caption>	用于定义表格的标题，该标签必须成对使用	高
<tr>	用于定义表格的行	高
<th>	用于定义表头，也就是表格中需要加粗显示内容的单元格	高
<td>	用于定义表元素，即表格中单元格内的具体数据	高

下面讲述如何设置表格颜色，操作步骤如下。

① 新建一个记事本文档，在文档中输入以下代码。

```
<html>
<head>
<title>无标题文档</title>
</head>
```

```
<body>
<table border="1" align="center">              /* 设置表格边框的粗细与对齐方式 */
 <caption align=top>获奖员工 </caption>         /* 设置表格标题 */
  <tr>
      <th>姓名 </th>                            /* 定义表头 */
      <th>年龄 </th>
      <th>性别 </th>
      <th>民族 </th>
      <th>学历 </th>
  </tr>
  <tr>                                          /* 定义表格中的其他单元格 */
      <td>秦莎 </td>
      <td>25</td>
      <td>女 </td>
      <td>汉 </td>
      <td>硕士 </td>
  </tr>
  <tr>
      <td>杨华 </td>
      <td>28</td>
      <td>男 </td>
      <td>汉 </td>
      <td>硕士 </td>
  </tr>
  <tr>
      <td>李小萍 </td>
      <td>32</td>
      <td>女 </td>
      <td>汉 </td>
      <td>大专 </td>
  </tr>
  <tr>
      <td>张军 </td>
      <td>36</td>
      <td>男 </td>
      <td>汉 </td>
      <td>本科 </td>
  </tr>
  <tr>
      <td>程琪琪 </td>
      <td>23</td>
      <td>女 </td>
      <td>汉 </td>
      <td>本科 </td>
```

```
        </tr>
        <tr>
            <td>齐红</td>
            <td>28</td>
            <td>女</td>
            <td>汉</td>
            <td>本科</td>
        </tr>
    </table>
    </body>
    </html>
```

② 将以上代码保存为HTML文件，用浏览器打开后，表格效果如图10-6所示。该表格是一个没有任何CSS样式的表格。

提示

表格标题的位置可以使用align属性来设置，其位置可以在表格上方或表格下方。图10-6中的标题位于表格的上方。若需要使标题位于表格的下方，只需将<caption align=top>...</caption>更改为<caption align=bottom>...</caption>即可，效果如图10-7所示。

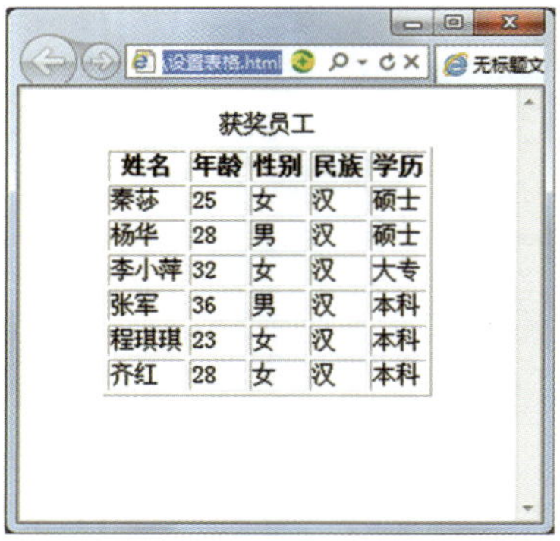

图10-6 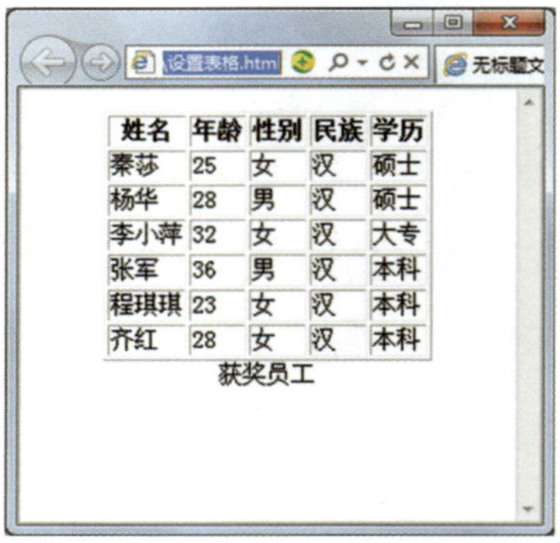　　　　　　　　　　　图10-7

③ 在上面代码的<head>标签内添加<style type="text/css">标签，定义一个内部样式表，然后继续添加以下内容。

```
th
    {
    background-color:green;          /* 定义表头的背景颜色 */
    color:white;                     /* 定义表头的文字颜色 */
    }
</style>
```

此时表格的效果如图10-8所示，可以看到表格第1行单元格（即<th>标签中的表头）的背景颜色变成了绿色，文字颜色变成了白色。

④ 如果需要给其他单元格设置背景颜色，可以继续添加以下代码。

```
tr
  {
  background-color: #0CF;              /* 定义其他单元格的背景颜色 */
  color: #333;                         /* 定义其他单元格的文字颜色 */
  }
```

此时表格的效果如图10-9所示，可以看到表格中其他单元格（即<td>标签中的普通单元格）的背景颜色变成了浅蓝色，文字颜色变成了深灰色。

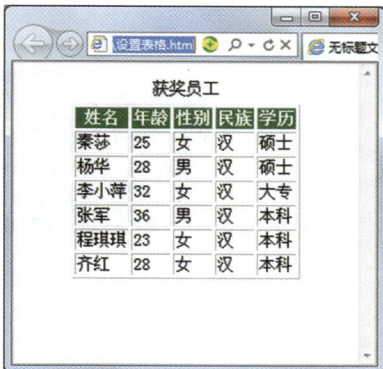

图10-8

图10-9

提示

表格元素的颜色值和文本的颜色值一样，既可以用默认颜色的英文名称表示，也可以是一个用#作为前缀的色标值（6位色标值或者3位色标值），如表10-3所示。在上面的例子中，可以将color:green用color=#008000或color=#080来替换，效果是一样的。

表10-3　颜色值

颜色	6位色标值	3位色标值	颜色	6位色标值	3位色标值
black	#000000	#000	orange	#FF9900	#F90
green	#008000	#080	red	#FF0000	#FF0
lime	#00FF00	#0F0	blue	#0000FF	#00F
white	#FFFFFF	#FFF	fuchsia	#FF00FF	#F0F
yellow	#FFFF00	#FF0	pink	#FFCCCC	#FCC

比如以下代码。

```
<table width="300" border="1" align="center">
  <tr bgcolor="black">                 /* 定义表格第1行单元格的背景颜色 */
    <td> </td>
    <td> </td>
    <td> </td>
  </tr>
  <tr bgcolor="#000000">               /* 定义表格第2行单元格的背景颜色 */
    <td> </td>
```

```
    <td> </td>
    <td> </td>
  </tr>
  <tr bgcolor="#000">                    /* 定义表格第 3 行单元格的背景颜色 */
    <td> </td>
    <td> </td>
    <td> </td>
  </tr>
</table>
```

将以上代码保存为HTML文件，用浏览器打开后，表格
效果如图10-10所示。可以看到，表格3行单元格的背景颜
色都显示为相同的黑色。第1行单元格的背景颜色是使用<tr
bgcolor="black">表示的，第2行单元格的背景颜色是使用<tr
bgcolor="#000000">表示的，第3行单元格的背景颜色是使用<tr
bgcolor="#000">表示的。

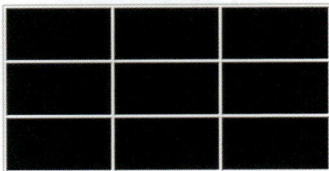

图10-10

10.1.3 设置表格边框 🔍

1. 使用HTML标签

表格边框的宽度可以使用HTML<table>标签的border属性来设置。给border赋予不同的值，
会有不同的效果。

来看如下所示的HTML代码。

```
<html>
<head>
<title> 无标题文档 </title>
</head>
<body>
<table border="20" width="400" align="center">  /*设置表格的边框粗细、宽度与对齐方式*/
<caption> 成绩查询 </caption>
  <tr>                                    /* 设置表格第 1 行单元格 */
    <th> 姓名 </th>
    <th> 语文 </th>
    <th> 数学 </th>
    <th> 英语 </th>
  </tr>
  <tr>                                    /* 设置表格第 2 行单元格 */
    <td> 张华 </td>
    <td>86</td>
    <td>95</td>
    <td>92</td>
  </tr>
  <tr>                                    /* 设置表格第 3 行单元格 */
    <td> 萧雪 </td>
```

```
    <td>96</td>
    <td>98</td>
    <td>93</td>
  </tr>
</table>
</body>
```

　　将以上代码保存为HTML文件，用浏览器打开后，表格的效果如图10-11所示。上述代码中，<table border=20 width=400>表示表格的边框粗细为20像素，表格的整体宽度为400像素。

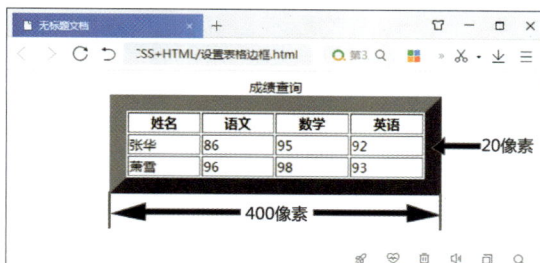

图10-11

　　下面对HTML代码进行调整，具体如下。

```
<html>
<head>
<title> 无标题文档 </title>
</head>
<body>
<table border="1" width="200" align="center">
<caption> 成绩查询 </caption>
  <tr>
    <th> 姓名 </th>
    <th> 语文 </th>
    <th> 数学 </th>
    <th> 英语 </th>
  </tr>
  <tr>
    <td> 张华 </td>
    <td>86</td>
    <td>95</td>
    <td>92</td>
  </tr>
  <tr>
    <td> 萧雪 </td>
    <td>96</td>
    <td>98</td>
    <td>93</td>
  </tr>
```

```
</table>
</body>
```

将以上代码保存为HTML文件，用浏览器打开后，表格的效果如图10-12所示。上述代码中，<table border=1 width=200>表示表格的边框粗细为1像素，表格的整体宽度为200像素。

2. 使用CSS

相比使用HTML标签，使用CSS设置表格边框更为方便快捷。在CSS中设置表格边框同样使用border属性。

在<head>标签内添加<style type="text/css">标签，定义一个内部样式表，然后继续添加以下代码。

```
table{
    border: 1px solid red;              /* 设置表格边框 */
text-align: center;                     /* 定义文字对齐 */
    }
</style>
```

以上代码设置了表格的边框，效果如图10-13所示。

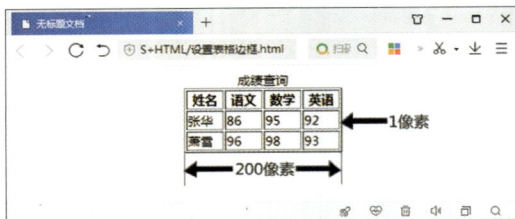

图10-12   图10-13

提示 🔊

我们为单元格设置边框。

由图10-13可以看到，图中仅显示表格的边框，而没有显示单元格的边框。所以在设置表格的边框时，还要注意给单元格也设置相应的边框。代码如下。

```
table, th, td{
    border: 1px solid red;        /*设置单元格边框*/
    }
```

表格的显示效果如图10-14所示。

图10-14

10.1.4 设置表格的内边距 🔍

内边距指的是单元格边框与其内容之间的空白区域，如图10-15所示。使用padding属性可以设置内边距。内边距分为左内边距（padding-left）、右内边距（padding-right）、上内边距（padding-top）和下内边距（padding-bottom），其距离数值可以用长度单位和百分比表示，但不允许使用负值。

请看下面的示例代码。

```
<html>
<head>
<style type="text/css">
td.t1{padding-top:1cm}                                      /* 设置内边距 */
td.t2{padding-bottom:2cm}
td.t3{padding-left:20%}
td.t4{padding-right:30%}
</style>
</head>
<body>
<table width="300" border="1" align="center" bgcolor="#66CC66">
<tr>
<td class="tt">
上内边距
</td>
<td class="t2">下内边距 </td>
</tr>
<td class="t3">左内边距 </td><br>
<td class="t4">右内边距 </td><br>
</table>
</body>
</html>
```

表格内边距的显示效果如图10-16所示。

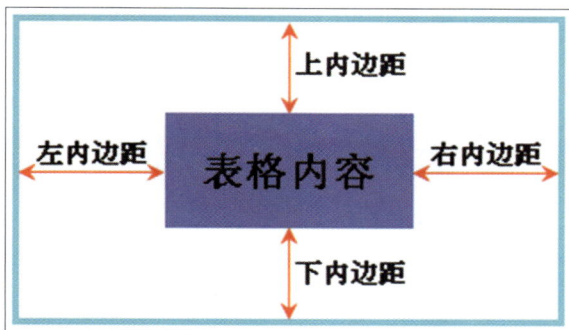

图10-15

图10-16

提示

　　在实际的建站操作中，若要在网页中添加横幅广告、竖条广告等网页元素，会发现这些元素离网页的边缘有一定的距离。如果要移除浏览器窗口周围的空间，让横幅广告、竖条广告、logo或者其他网页元素无缝地贴着网页的某个边缘，必须将<body>标签的margin和padding值都设为0。CSS代码如下。

```
<style type="text/css">
body{
margin:0;
padding: 0;
}
</style>
```

效果如图10-17所示。

图10-17

10.1.5　设置圆角边框

CSS3中添加了一个新的属性border-radius。使用border-radius属性可以实现圆角边框的效果。当border-radius只有一个值时，四个角具有相同的圆角设置，其效果是一致的，代码如下。

```
.demo {
border-radius: 10px;
}
```

此时，圆角边框的效果如图10-18所示。

为border-radius设置两个值时，top-left和bottom-right取第1个值，top-right和bottom-left取第2个值。也就是说，元素的左上角和右下角相同，右上角和左下角相同，代码如下。

```
.demo {
border-radius: 10px 20px;
}
```

上述代码等同于如下代码。

```
.demo {
border-top-left-radius: 10px;
border-bottom-right-radius: 10px;
border-top-right-radius: 20px;
border-bottom-left-radius: 20px;
}
```

此时，圆角边框的效果如图10-19所示。

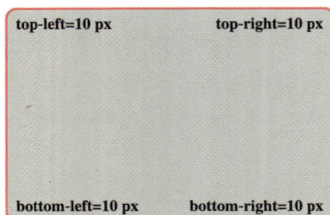

图10-18

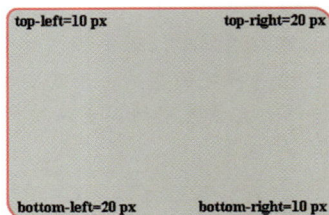

图10-19

为border-radius设置3个值时，top-left取第1个值，top-right和bottom-left取第2个值，bottom-right取第3个值，代码如下。

```
.demo {
border-radius: 10px 20px 30px;
}
```

上述代码等同于以下代码。

```
.demo {
border-top-left-radius: 10px;
border-top-right-radius: 20px;
border-bottom-left-radius: 20px;
border-bottom-right-radius: 30px;
}
```

此时，圆角边框的效果如图10-20所示。

为border-radius设置4个值时，top-left取第1个值，top-right取第2个值，bottom-right取第3个值，bottom-left取第4个值，代码如下。

```
.demo {
border-radius:10px 20px 30px 40px;
}
```

上述代码等同于以下代码。

```
.demo {
border-top-left-radius: 10px;
border-top-right-radius: 20px;
border-bottom-right-radius: 30px;
border-bottom-left-radius: 40px;
}
```

此时，圆角边框的效果如图10-21所示。

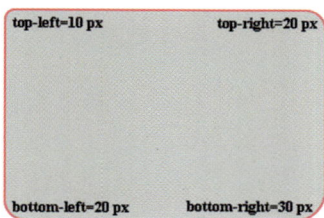

图10-20

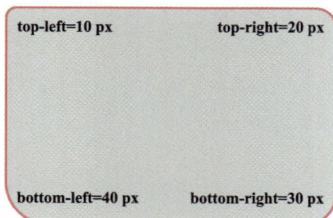

图10-21

10.2　设置表单样式

表单是一个集合了各种表单元素的区域，用于收集用户的数据，实现网页上的数据交互，并将客户端输入的数据提交到网站服务器端进行处理。

10.2.1　课堂案例——制作登录页面

案例说明如表10-4所示。

表10-4　制作登录页面

实例位置	实例文件→CH10→制作登录页面→制作登录页面.html
视频名称	操作练习：制作登录页面.mp4
技术掌握	设置表单元素的样式

操作步骤如下。

① 新建一个记事本文档，在文档中输入以下代码。

```
<!DOCTYPE html>
<html>
<head>
<meta charset="utf-8">
<title>登录网页</title>
</head>
<style>
input[type=text], select {
  width: 100%;
  padding: 12px 20px;
  margin: 8px 0;
  display: inline-block;
  border: 1px solid #ccc;
  border-radius: 4px;
  box-sizing: border-box;
}

input[type=submit] {
  width: 100%;
  background-color: #4CAF50;
  color: white;
  padding: 14px 20px;
  margin: 8px 0;
  border: none;
  border-radius: 4px;
  cursor: pointer;
}

input[type=submit]:hover {
  background-color: #45a049;
}
div {
  border-radius: 5px;
```

```
   background-color: #f2f2f2;
   padding: 20px;
}
</style>
<body>


</body>
</html>
```

② 在<body>...</body>标签之间输入以下代码。

```
<div>
  <form action="/action_page.php">
    <label for="fname"> 用户名 </label>
    <input type="text" id="fname" name="firstname" placeholder=" 输入用户名 ">

    <label for="lname"> 密   码 </label>
    <input type="text" id="lname" name="lastname" placeholder=" 输入密码 ">

    <label for="country"> 国家 </label>
    <select id="country" name="country">
      <option value="australia"> 中国 </option>
      <option value="canada"> 法国 </option>
      <option value="usa"> 英国 </option>
    </select>

    <input type="submit" value=" 登录 ">
  </form>
</div>
```

③ 将以上代码保存为HTML文件，用浏览器打开后，显示效果如图10-22所示。

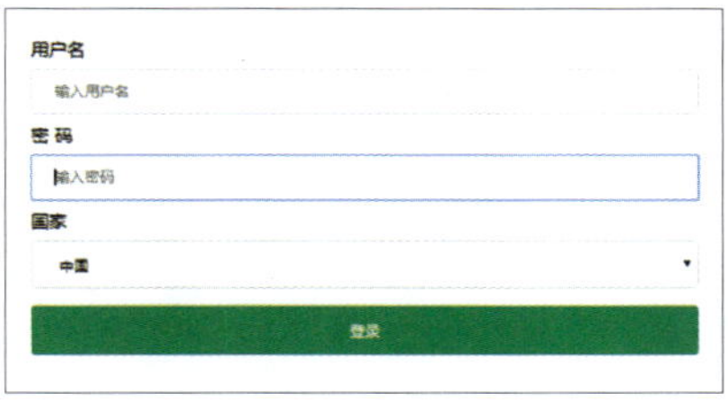

图10-22

10.2.2 设置输入框

1. 输入框填充

使用 padding 属性可以在输入框中添加内边距，代码如下。

```
input[type=text] {
  width: 100%;
  padding: 12px 20px;
```

```
    margin: 8px 0;
    box-sizing: border-box;
}
```

代码运行效果如图10-23所示。

图10-23

2. 输入框边框

使用 border 属性可以修改输入框边框的大小或颜色，使用 border-radius 属性可以给输入框添加圆角，代码如下。

```
input[type=text] {
    border: 2px solid red;
    border-radius: 4px;
}
```

代码运行效果如图10-24所示。

如果只是想添加底部边框，可以使用 border-bottom 属性，代码如下。

```
input[type=text] {
    border: none;
    border-bottom: 2px solid red;
}
```

代码运行效果如图10-25所示。

图10-24

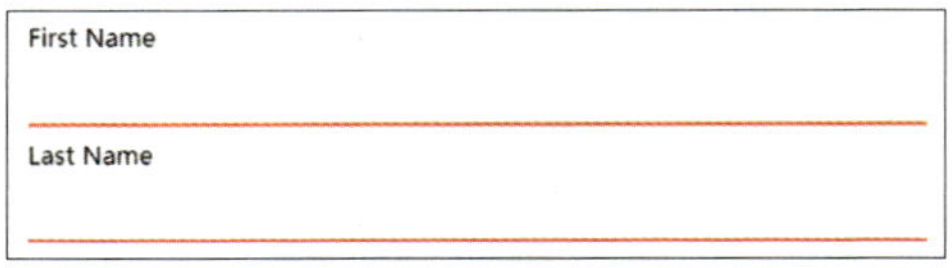

图10-25

3. 输入框颜色

可以使用 background-color 属性来设置输入框的背景颜色，使用color 属性修改文本颜色，代码如下。

```
input[type=text] {
    background-color: #3CBC8D;
    color: white;
}
```

代码运行效果如图10-26所示。

4. 输入框图标

如果想在输入框中添加图标，可以使用 background-image 属性和background-position 属性。注意设置图标的左边距，让图标有一定的空间。代码如下。

```
input[type=text] {
  background-color: white;
  background-image: url('searchicon.png');
  background-position: 10px 10px;
  background-repeat: no-repeat;
  padding-left: 40px;
}
```

代码运行效果如图10-27所示。

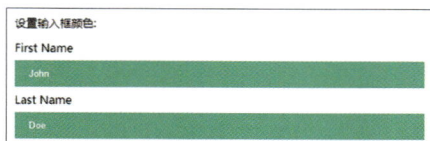

图10-26　　　　　　　　　　　　　　　　　　图10-27

10.2.3　设置表单按钮

1. 按钮颜色

可以使用 background-color 属性来设置按钮颜色，代码如下。

```
.button1 {background-color: #4CAF50;}          /* Green */
.button2 {background-color: #008CBA;}          /* Blue */
.button3 {background-color: #f44336;}          /* Red */
.button4 {background-color: #e7e7e7; color: black;}   /* Gray */
.button5 {background-color: #555555;}          /* Black */
```

代码运行效果如图10-28所示。

2. 按钮大小

可以使用 font-size 属性来设置按钮大小，代码如下。

```
.button1 {font-size: 10px;}
.button2 {font-size: 12px;}
.button3 {font-size: 16px;}
.button4 {font-size: 20px;}
.button5 {font-size: 24px;}
```

代码运行效果如图10-29所示。

图10-28　　　　　　　　　　　　　　　　　　图10-29

3. 圆角按钮

可以使用 border-radius 属性来设置圆角按钮，代码如下。

```
.button1 {border-radius: 2px;}
.button2 {border-radius: 4px;}
.button3 {border-radius: 8px;}
.button4 {border-radius: 12px;}
.button5 {border-radius: 50%;}
```

代码运行效果如图10-30所示。

4. 按钮边框颜色

可以使用 border 属性设置按钮边框颜色，代码如下。

```
.button1 {
    background-color: white;
    color: black;
    border: 2px solid #4CAF50; /* Green */
}
```

代码运行效果如图10-31所示。

图10-30

图10-31

5. 按钮阴影

可以使用 box-shadow 属性来为按钮添加阴影，代码如下。

```
.button1 {
    box-shadow: 0 8px 16px 0 rgba(0,0,0,0.2), 0 6px 20px 0 rgba(0,0,0,0.19);
}


.button2:hover {
    box-shadow: 0 12px 16px 0 rgba(0,0,0,0.24), 0 17px 50px 0 rgba(0,0,0,0.19);
}
```

代码运行效果如图10-32所示。

6. 按钮宽度

默认情况下，按钮的大小由按钮上的文本内容决定（根据文本内容匹配按钮长度）。我们可以使用 width 属性来设置按钮的宽度。如果要设置固定宽度，可以使用像素 (px) 作为单位；如果要设置响应式的按钮，可以将宽度设置为百分比。代码如下。

```
.button1 {width: 250px;}
.button2 {width: 50%;}
.button3 {width: 100%;}
```

代码运行效果如图10-33所示。

图10-32

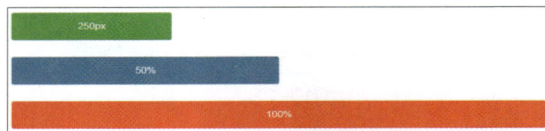

图10-33

10.3 练习案例

通过前面知识的学习，相信大家对表格与表单的CSS样式已经有了深入的了解。希望读者能灵活掌握其使用方法，制作出各种各样的表格与表单效果。

10.3.1　练习案例——制作隔行变色的表格

案例说明如表10-5所示。

表10-5　制作隔行变色的表格

实例位置	实例文件→ CH10→制作隔行变色的表格→制作隔行变色的表格.html
视频名称	练习案例：制作隔行变色的表格.mp4
技术掌握	设置表格背景颜色

操作步骤如下。

① 确定表格的HTML结构，代码如下。

```
<table summary=" 学生成绩 ">        /* 表格内容摘要 */
<caption> 学生成绩 </caption>        /* 定义表格标题 */
<thead>
<tr>
<th > 姓名 </th>
<th > 语文 </th>
<th > 数学 </th>
<th > 英语 </th>
<th > 历史 </th>
</tr>
</thead>
<tbody>
<tr>
<th> 章齐 </th>
<td>87</td>
<td>86</td>
<td>90</td>
<td>91</td>
</tr>
<tr class="odd">
<th > 李芳 </th>
<td>92</td>
<td>83</td>
<td>89</td>
<td>73</td>
</tr>
<tr >
<th > 方明 </th>
<td>94</td>
<td>81</td>
<td>95</td>
<td>76</td>
</tr>
```

微课视频

```
<tr class="odd">
<th >齐小强 </th>
<td>89</td>
<td>95</td>
<td>91</td>
<td>97</td>
</tr>
</tbody>
</table>
```

此时，还没有设置CSS样式的表格效果如图10-34所示。

提示

　　如果表格非常大，内容非常多，那么这个表格就要等到表格内容全部加载完才会显示。如果要下载一部分显示一部分的话，就得把它拆分成多个小表格，这样每加载一个小表格就会显示一个小表格。但如果不想拆分表格，那就将表格的一部分行（<tr>...</tr>）用<tbody>...</tbody>标签分隔开。这样，每个<tbody>部分加载完后就会显示，而不必等待整个<table>加载完毕。

② 接下来使用CSS对表格的整体样式和标题进行设置，代码如下。

```
<style type="text/css">
table {                                    /* 设置表格边框 */
 background-color: #FFF;
 border: none;
 color: #565;
 font: 12px arial;
}
table caption {                            /* 设置表格标题 */
 font-size: 24px;
 border-bottom: 2px solid #B3DE94;
 border-top: 2px solid #B3DE94;
}
</style>
```

此时，可以看到整体的文字样式和标题样式已经设置好，如图10-35所示。

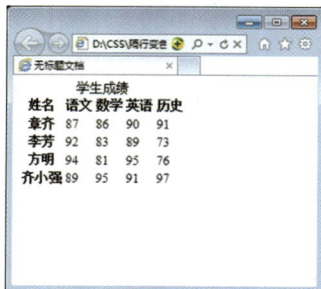

图10-34

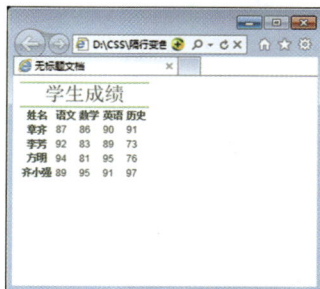

图10-35

③ 现在设置各单元格的样式，代码如下。

```
table, td, th {
 margin: 0;
 padding: 0;
 vertical-align: middle;
 text-align:left;
}
tbody td, tbody th {
 background-color: #DFC;
 border-bottom: 2px solid #B3DE94;
 border-top: 3px solid #FFFFFF;
 padding: 9px;
}
thead th {
 font-size: 14px;
 font-weight: bold;
 line-height: 19px;
 padding: 0 8px 2px;
 text-align:center;
}
```

代码一共分为3段，第1段设置所有单元格的共同属性，后面两段分别对表头（thead）和表体（tbody）中的单元格样式进行设置，效果如图10-36所示。

④ 接下来将数据内容的背景颜色设置为深浅交替，实现隔行变色的效果。在CSS中实现隔行变色的方法十分简单，只要给偶数行的<tr>标签添加上相应的类，然后对其进行CSS设置即可。

在HTML中给所有偶数行的<tr>标签增加一个类，代码如下。

```
<tr class="odd">
```

为 "odd" 设置与其他单元格不同的样式，代码如下所示。

```
tbody tr.odd th,tbody tr.odd td {
background-color: #00CC66;
border-bottom: 2px solid #67BD2A;
 }
```

此时的表格效果如图10-37所示。

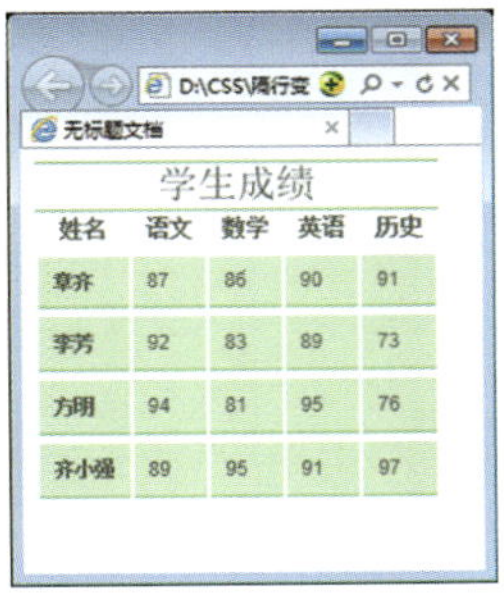

图10-36 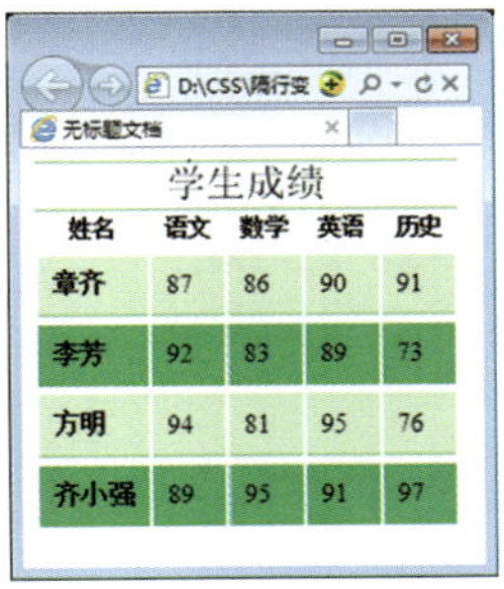　　　　　　　　图10-37

提示 🔊▶

　　在实际网页中，这种隔行变色的效果通常是由服务器动态生成的。当服务器读取数据时，它会进行判断，读取第1个数据时输出<tr>标签，读取第2个数据时输出带有特定类名（如<tr class="odd">）的<tr>标签……依此类推。

10.3.2　练习案例——制作购物付款页面　🔍

案例说明如表10-6所示。

表10-6　制作购物付款页面

实例位置	实例文件→CH10→制作购物付款页面→制作购物付款页面.html
视频名称	练习案例：制作购物付款页面.mp4
技术掌握	创建并设置表单

操作步骤如下。

① 创建一个具有特定背景和边框样式、包含表单元素的支付表单页面，代码如下。

微课视频

```html
<html >
<head>
<meta charset="UTF-8">
<title>Document</title>
<style>
html,body,h1,form,fieldset,legend,ol,li{
    padding:0;
    margin:0;
}
ol{
    list-style:none;
}
body{
    background:#fff;
    color:#111;
    padding:20px;
}
form#payment{
    background:#9cbc2c;
    -webkit-border-radius:5px;
    border-radius:5px;
    padding:20px;
    width:400px;
}
form#payment fieldset{
    border:none;
```

```
        margin-bottom:10px;
}
form#payment fieldset:last-of-type{ margin-bottom:0; }
form#payment legend{
        color:#384313;
        font-size:16px;
        font-weight:bold;
        padding-bottom:10;
        text-shadow:0px 1px 1px #c0d576;
}
form#payment > fieldset>legend:before{
        counter(fieldset)":";
        counter-increment:fieldsets;
}
form#payment fieldset fieldset legend{
        color:#111;
        font-size:13px;
        font-weight:normal;
        padding-bottom:0;
}
form#payment ol li{
        background:#b9cf6a;
        background:rgba(255, 255, 255, 0.3);
        border:#e3ebc3;
        border-color:rgba(255, 255, 255, 0.6);
        border-style:solid;
        border-width:2px;
        -webkit-border-radius:5px;
        line-height:30px;
        padding:5px 10px;
        margin-bottom:2px;
}
form#payment ol ol li{
        background:none;
        border:none;
        float:left;
}
form#payment label{
        float:left;
        font-size:13px;
        width:110px;
}
form#payment fieldset fieldset label{
```

```
      background:none no-repeat left 50%;
      line-height:20px;
      padding:0 0 0 30px;
      width:auto;
}
form#payment fieldset fieldset label:hover{cursor:pointer;}
form#payment input:not([type=radio]), form#payment textarea{
      background:#fff;
      border:#fc3 solid 1px;
      -webkit-border-radius:3px;
      outline:none;
      padding:5px;
}
</style>
</head>
<body>

</body>
</html>
```

② 在<body>...</body>标签对之间输入以下代码，用于在线收集用户的支付和配送信息。

```
<form id=payment>
<fieldset>
      <legend>用户详细资料</legend>
      <ol>
         <li>
            <label for="name">用户名称: </label>
            <input type="text" id="name" name="name" placeholder="请输
            入用户名" required autofocus>
         </li>
         <li>
            <label for="email">邮件地址: </label>
            <input type="text" name="email" id="email" placeholder=
            "XXXXXX@163.com" required>
         </li>
         <li>
            <label for="phone">联系电话: </label>
            <input type="tel" placeholder="010-12XXXXXXX" id="phone"
            name="phone">
         </li>
      </ol>
</fieldset>

<fieldset>
```

```
        <legend>家庭地址（收货地址）</legend>
        <ol>
            <li>
                <label for="address">详细地址: </label>
                <textarea name="address" id="address"  rows="1"></textarea>
            </li>
            <li>
                <label for="postcode">邮政编码 :</label>
                <input type="text" id="postcode" name="postcode" required>
            </li>
            <li>
                <label for="country"> 国家 :</label>
                <input type="text" id="country" name="country" required>
            </li>
        </ol>
</fieldset>

<fieldset>
        <legend> 付费方式 </legend>
        <ol>
            <li>
                <fieldset>
                        <lagend>信用卡类型 </lagend>
                        <ol>
                            <li>
                                <input type="radio" id="visa" name="cardtype">
                                <label for="visa"> 中国工商银行 </label>
                            </li>
                            <li>
                                <input type="radio" id="amex" name="cardtype">
                                <label for="amex"> 中国农业银行 </label>
                            </li>
                            <li>
                                <input type="radio" id="mastercard" name="cardtype">
                                <label for="mastercard"> 中国建设银行 </label>
                            </li>
                        </ol>
                </fieldset>
            </li>
            <li>
                <label for="cardnumber"> 银行卡号 </label>
                <input type="number" id="cardnumber" name="cardnumber" required>
            </li>
            <li>
```

```
                        <label for="secure">验 证 码: </label>
                        <input id="cardnumber" name="cardnumber" type="number" required>
                </li>
                <li>
                        <label for="namecard">持 卡 人: </label>
                        <input id="namecard" name="namecard" type="text" required>
                </li>
        </ol>
</fieldset>

<fieldset>
    <button type="submit">现在购买</button>
</fieldset>
</form>
```

③ 保存文件并使用浏览器打开，显示效果如图10-38所示。

图10-38

第11章

使用 CSS+Div 布局网页

本章导读

Div+CSS是网站标准（或称Web标准）中常用的术语之一，是指采用Div元素来构建网页的盒模型结构，把各部分内容划分到不同的区块中，然后用CSS来定义盒模型的位置、大小、边框样式、内外边距和排列方式等属性。

本章学习任务

· CSS与Div布局基础

· 使用Div

· Div+CSS盒模型

· Div+CSS布局定位

· Div+CSS布局理念

· 常用的布局方式

11.1 CSS与Div布局基础

11.1.1 Web标准

Web标准是近年来在国内逐渐受到关注的术语。大约从2003年开始，有关Web标准与CSS网站设计的各类文章与讨论便在网络上各类设计与技术论坛中不断涌现，掀起了学习Web标准与CSS布局的热潮。

Web标准是由W3C（World Wide Web Consortium，万维网联盟）和其他标准化组织制定的一套规范集合，包含HTML、XHTML（exten sible HyperText Markup Language，可扩展超文本标记语言）、JavaScript以及CSS等标准。Web标准的目的是创建一个统一的Web表现层技术标准，以便通过不同浏览器或终端设备向最终用户展示信息内容。

Web标准即网站标准。目前通常所说的Web标准一般指进行网站建设所采用的基于XHTML的网站设计语言。Web标准中典型的应用模式是Div+CSS。实际上，Web标准并不是某一个标准，而是一系列标准的集合。

Web标准由一系列规范组成。由于Web设计越来越趋向于整体与结构化，对于网页设计制作者来说，理解Web标准首先要理解结构和表现分离的意义。初学者可能觉得理解结构和表现的不同之处有些困难，但是理解这点是很重要的，因为当结构和表现分离后，用CSS来控制页面的表现就变得很容易了。

11.1.2 Web标准的构成

下面介绍Web标准的构成。

1. 结构

结构技术用于对网页中的信息（如文本、图像、动画等）进行分类和整理。目前用于结构设计的Web标准技术主要是HTML。

2. 表现

表现技术用于对已被结构化的信息进行视觉上的呈现和控制，包括位置、颜色、字体、大小等样式控制。目前用于表现设计的Web标准技术是CSS。W3C创建CSS的目的是让CSS来控制整个网页的布局，与HTML所实现的结构完全分离。简单来说，就是表现与内容完全分离，使站点的维护更加容易。这也正是Div+CSS布局的一大特点。

3. 行为

行为是指对Web文档进行模型定义和编写交互行为的技术。目前用于行为设计的Web标准技术主要有以下两个。

第1个是DOM。它相当于浏览器与内容结构之间的一个桥梁，定义了访问和处理HTML文档的标准方法，把网页、脚本以及其他编程语言联系起来。

第2个是ECMAScript（JavaScript的扩展脚本语言），即由CMA（Computer Manufacturers Association，计算机制造商协会）制定的脚本语言，用于实现网页对象的交互操作。

11.1.3 Div概述

Div全称为Division，意为区分，是用来定义网页内容中逻辑区域的标签。可以通过手动插入

Div标签并对它们应用CSS样式来创建网页布局。

Div是用来为HTML文档中的块内容设置结构和背景属性的元素。它相当于一个容器，由起始标签<div>、结束标签</div>及其间的所有内容构成，可以内嵌表格（table）、文本（text）等HTML代码。其中所包含的元素特性可以通过Div标签的属性来控制，也可以使用样式表来格式化这个块区域。

Div是HTML中指定的、专门用于布局设计的容器对象。在传统的表格式布局中，页面的排版布局设计完全依赖于表格对象。在页面中绘制一个由多个单元格组成的表格，再在相应的表格中放置内容，通过表格单元格的位置控制来实现布局，这是表格式布局的核心。 而现在，我们要接触的是一种全新的布局方式——CSS布局。Div是这种布局方式的核心对象。使用 CSS布局的页面排版不再依赖表格，而是依赖Div与CSS的结合，因此也可以称为Div+CSS布局。

11.2 使用Div

11.2.1 课堂案例——在Div中插入图像

案例说明如表11-1所示。

表11-1　在Div中插入图像

实例位置	实例文件→CH11→在Div中插入图像→在Div中插入图像.html
素材位置	素材文件→CH11→cd1.jpg
视频名称	操作练习：在Div中插入图像.mp4
技术掌握	在Div中插入图像的操作

操作步骤如下。

① 启动Dreamweaver CC，切换到"代码"视图，在<body>...</body>标签对之间输入以下代码，表示插入Div。

```
<div > <div>
```

② 在<div >...<div>标签对之间添加<img src="images/cd1.jpg">，表示在Div中插入名称为cd1的.jpg图像，代码如下。

```
<html>
<head>
<meta charset="utf-8">
<title> 无标题文档 </title>
</head>
<body>
<div><img src="images/cd1.jpg" ></div>
</body>
</html>
```

③ 保存文件，用浏览器中打开后，显示效果如图11-1所示。

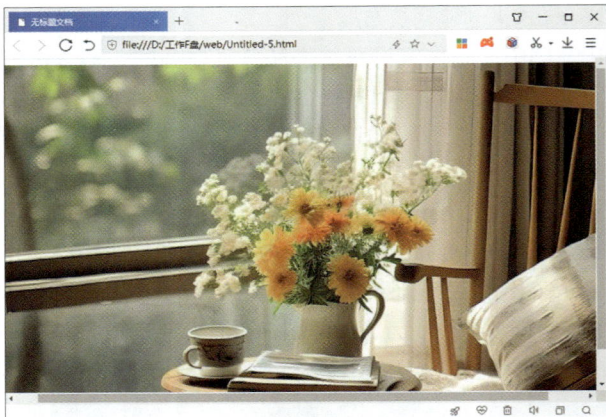

图11-1

11.2.2 创建Div

与表格、图像等网页对象一样，只需在代码中应用<div>和</div>这样的标签形式，并将内容放置其中，便可以应用Div标签。

在使用时，Div对象同其他HTML对象一样可以加入其他属性，比如id、class、align、style等。而在CSS布局方面，为了实现内容与表现的分离，不建议将align（对齐）属性和style（行间样式表）属性编写在HTML页面的Div标签中，因此Div标签通常只有以下两种形式。

```
<div id="id 名称">内容</div>
<div class="class 名称">内容</div>
```

使用id属性可以为当前的Div元素指定一个唯一的标识符（id名称），然后就可以在CSS中使用id选择符进行样式编写了。同样，也可以使用class属性为Div元素指定一个或多个类名，然后在CSS中使用class选择符进行样式编写。

提示

　　Div标签只是一个标识符，作用是将网页内容划分为不同的区域，并不负责内容的具体表现。Div标签只是CSS布局工作的第一步，它负责将页面中的内容元素标识出来，而为内容添加样式则由CSS来完成。

在一个没有应用CSS样式的页面中，即使应用了Div标签，也没有任何实际效果，就如同直接输入了Div中的内容一样。那么该如何理解Div在布局上所带来的不同呢？

首先将表格布局与Div布局进行比较。用表格进行布局时，使用表格设计的左右分栏或上下分栏都能够在浏览器预览中看到分栏效果，如图11-2所示。

左	右

图11-2

表格自身的代码形式决定了在浏览器中显示时，两块内容会分别显示在左单元格与右单元格之中。因此，不管是否设置表格边框，都可以明确地知道内容存在于两个单元格中，也达到了分栏的效果。

下面来看如何进行Div布局，步骤如下。

① 启动Dreamweaver CC，切换到"代码"视图，在<body>...</body>标签对之间输入以下代码。

```
<div> 左 </div>
<div> 右 </div>
```

代码在"代码"视图中的显示效果如图11-3所示。

② 切换到"设计"视图，可以看到插入的两个Div元素，如图11-4所示。

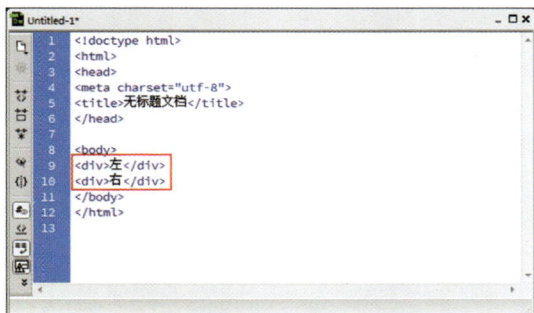

图11-3

图11-4

③ 按F12键浏览网页，可以看到仅出现了两行文字，并没有看出Div标签的任何特征，显示效果如图11-5所示。

图11-5

从表格布局与Div布局的比较中可以看出，Div对象本身就是一种占据整行的对象，不允许其他对象与它在一行中并列显示。实际上，Div就是一个块状对象（block）。

在网页的实际效果中，除了文字之外，两个Div元素之间只是前后排列关系，并没有出现类似表格的组织形式。因此可以说，Div本身并不包含样式信息，样式需要通过编写CSS 来实现。因此，Div对象从本质上实现了内容与样式的分离。

这样做的好处是：由于Div与样式是分离的，最终样式由CSS来完成，这种与样式无关的特性使得Div在设计中拥有巨大的可伸缩性。设计师可以根据自己的想法改变Div的样式，不必拘泥于单元格固定模式的束缚。

提示 🔊

在CSS布局中所需的工作可以简单归结为两个步骤：首先使用Div标签将内容标记出来，然后为这个Div元素编写所需的CSS样式。

11.2.3 选择Div

要对Div执行某项操作，首先需要将其选中。在Dreamweaver CC中选择Div的方法有两种。

　　① 将鼠标光标移至Div周围的任意边框上，当边框显示为红色实线时，单击鼠标左键即可将其选中，如图11-6所示。

　　② 将光标置于Div中，然后单击"状态栏"上相应的<div>标签，同样可将其选中，如图11-7所示。

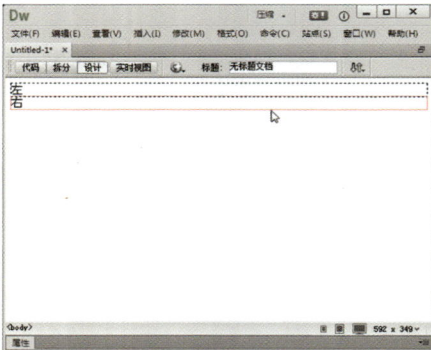
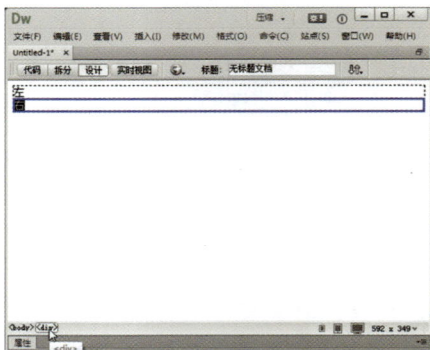

图11-6　　　　　　　　　　　　　　　　　　　图11-7

11.3　Div+CSS盒模型

　　盒模型是CSS控制页面时一个很重要的概念。只有熟练掌握盒模型以及其中每个元素的用法，才能精确控制页面中各个元素的位置和布局。

11.3.1　盒模型的概念

　　学习Div+CSS布局时，首先要弄懂的就是盒模型，这是Div排版的核心所在。传统的表格排版通过大小不一的表格和表格嵌套来定位排版网页内容，而CSS排版则是通过由CSS定义的大小不一的盒子和盒子嵌套来编排网页的。这种排版方式不仅使网页代码更加简洁，还实现了表现和内容的分离，便于后续的维护。

　　它为什么叫盒模型呢？这主要是因为，在网页设计中，常用的属性名包括内容（content）、内边距（padding）、边框（border）和外边距（margin），而CSS盒模型由这些属性构建，如图11-8所示。

　　可以把CSS盒模型想象成现实中上方开口的盒子，然后从正上往下俯视，边框相当于盒子的厚度，内容相当于盒子中用于容纳物体的空间，内边距相当于为防震而在盒子内填充的泡沫，外边距相当于在这个盒子周围预留的空间，这样就比较容易理解盒模型了。

11.3.2　外边距

　　margin指的是元素与其相邻元素之间的外部空间距离。例如，要设置元素的下外边框margin-bottom，其代码如下。

```
<html>
<head>
<meta http-equiv="Content-Type" content="text/html; charset=utf-8" />
<title>margin</title>
```

```
</head>
<body>
<div style=" width:350px; height:200px; margin-bottom:50px;">
<img src="images/c1.jpg" width="350" height="200" /></div>
<div style=" width:350px; height:200px;">
<img src="images/c2.jpg" width="350" height="200" /></div>
</body>
</html>
```

以上代码在浏览器中的预览效果如图11-9所示，可以看到上下两个元素之间增加了50像素的距离。

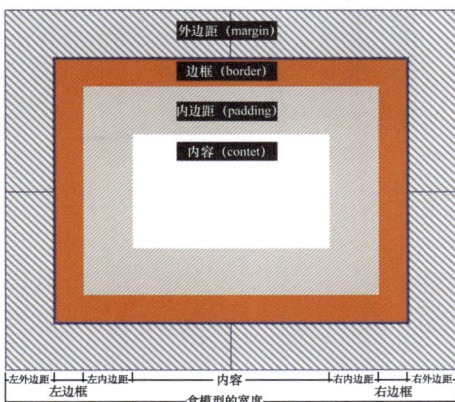

图11-8

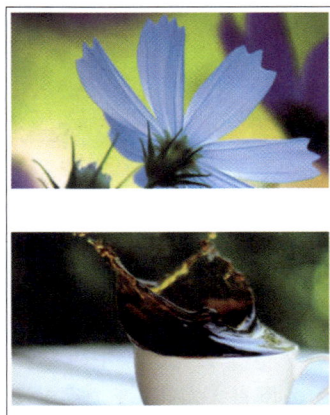

图11-9

当两个行内元素相邻时，它们之间的距离等于第1个元素的右外边距margin-right加上第2个元素的左外边距margin-left，代码如下。

```
<body>
<span style=" width:350px; height:200px; margin-right:40px;">
<img src="images/c1.jpg" width="350" height="200" /></span>
<span style=" width:350px; height:200px; margin-left:40px;">
<img src="images/c2.jpg" width="350" height="200" /></span>
</body>
```

以上代码在浏览器中的预览效果如图11-10所示，可以看到两个元素之间的距离为40px+40px=80px。

但如果不是行内元素，而是产生换行效果的块级元素，情况就不同了。两个块级元素之间的距离不再是两个外边距相加，而是取两者中较大者的margin值，代码如下。

```
<body>
<div style=" width:350px; height:200px; margin-bottom:30px;"><img src=
"images/1.jpg" width="350" height="200"/></div>
<div style=" width:350px; height: 200px; margin-top:40px;"><img src=
"images/2.jpg" width="350" height="200" /></div>
</body>
```

　　从代码中可以看到，第2个块级元素的margin-top值大于第1个块级元素的 margin-bottom
值，所以它们之间的外边距值应为第2个块级元素的外边距值。预览效果如图11-11所示。

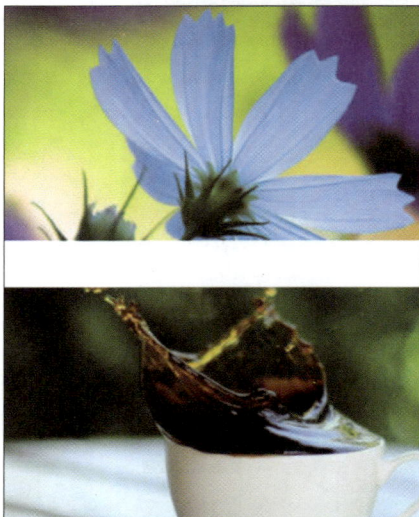

图11-10　　　　　　　　　　　　　　图11-11

　　除了行内元素与行内元素之间、块级元素与块级元素之间的间隔关系外，还有一种位置关系
对CSS排版有重要影响，这就是父子元素之间的关系。当一个<div>元素（子元素）包含在另一
个<div>元素（父元素）中时，便形成了典型的父子关系，其中子元素的margin值会以父元素的
content（内容）为参考。比如以下代码。

```html
<html>
<head>
<meta http-equiv="Content-Type" content="text/html; charset=utf-8" />
<title>margin</title>
<style type="text/css">
<!--
#box {                          /* 父div*/
    background-color:#0CC;
    text-align:center;
    font-family:" 宋体 ";
    font-size:12px;
    padding:10px;
    border:1px solid #000;
    height:50px;                /*设置父div的高度 */
}
#son {                          /*子div*/
    background-color:#FFF;
    margin:30px 0px 0px 0px;
    border:1px solid #000;
    padding:20px;
}
```

```
-->
</style>
</head>
<body>
<div id="box">
<div id="son">子div</div>
</div>
</body>
</html>
```

设计视图的效果如图11-12所示，可以看到子div与父div上边缘的距离为40px，即margin-top（30px）+padding-top（10px）；子div的其余三边（左、右、下）与父div的相应内边距均为10px。

图11-12

11.3.3　边框

border一般用于区分不同的元素，它界定了元素的最外围边界。因此，在计算元素实际的宽度和高度时，必须将border的厚度考虑在内。

border的属性主要有3个，分别为color（颜色）、width（粗细）和style（样式）。在设置border时，需要综合使用这3个属性，才能达到良好的效果。border的属性说明如表11-2所示。

表11-2　border的属性说明

属性	说明	值	说明
Color	用来指定border的颜色，其设计方法与文字颜色的color属性完全一样，一共有256种颜色。通常情况下采用十六进制数值来定义颜色，如白色对应的十六进制数值为#FFFFFF	无	
Width	用于设置border的粗细程度	medium	该属性为默认值，一般的浏览器都将其解析为2px宽
		thin	设置细边框
		thick	设置粗边框
		length	length表示具体的数值，例如10px等
Style	用于设置border的样式，其中none和hidden都是不显示border，二者效果完全相同，只是运用在表格中时，hidden可以用来解决边框冲突的问题	dashed	虚线边框
		dotted	点画线边框
		double	双实线边框
		groove	边框具有雕刻效果
		hidden	不显示边框，在表格中边框重叠
		inherit	继承上一级元素的值
		none	不显示边框
		solid	单实线边框

11.3.4 课堂案例——文字虚线分割

案例说明如表11-3所示。

表11-3 文字虚线分割

实例位置	实例文件→CH11→文字虚线分割→文字虚线分割.html
视频名称	操作练习：文字虚线分割.mp4
技术掌握	将文字用虚线进行分割的操作

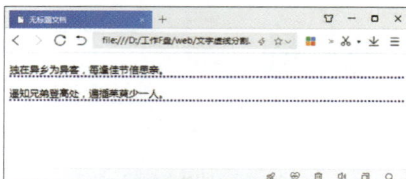

微课视频

操作步骤如下。

① 打开Dreamweaver CC，单击"代码"按钮，切换到"代码"视图，在<body>...</body>标签对之间输入如下代码。

```
<p style="border-bottom:3px dotted #330099">独在异乡为异客，每逢佳节倍思亲。</p>
<p style="border-bottom:3px dotted #330099">遥知兄弟登高处，遍插茱萸少一人。</p>
```

代码在"代码"视图中的显示效果如图11-13所示。

② 保存文件，用浏览器中打开后，显示效果如图11-14所示。

```
<html>
<head>
<meta charset="utf-8">
<title>无标题文档</title>
</head>
<body>
<p style="border-bottom:3px dotted #330099">独在异乡为异客，每逢佳节倍思亲。</p>
<p style="border-bottom:3px dotted #330099">遥知兄弟登高处，遍插茱萸少一人。</p>
</body>
</html>
```

图11-13

图11-14

提示 📢▶

本例是在一段文字结束后加上虚线进行分割，因此不需要用<border>标签将整段话框起来，仅需单独设置某一边的虚线即可。

11.3.5 内边距

padding用于控制content（内容）与border（边框）之间的距离。例如，加入padding-bottom属性后，可以使用不同的单位来定义 padding-bottom 的值，包括像素（px）、百分比（%）、em、rem等。

请看如下代码。

```
<html>
<head>
<title>无标题文档</title>
</head>
<body>
<div style=" width:400px; height:220; border:8px solid #000000; padding-
bottom:60px;">
<img src="images/tup1.jpg" width="400" height="220"></div>
```

```
</body>
</html>
```

以上代码的预览效果如图11-15所示。可以看到下内边距与正文内容相隔了60像素。

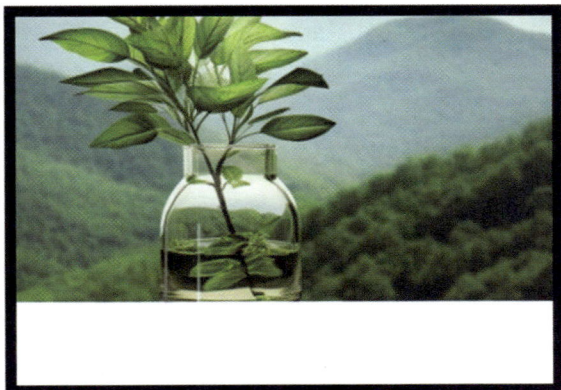

图11-15

11.4　Div+CSS布局定位

下面介绍Div+CSS布局定位，包括相对定位、绝对定位和浮动定位。

11.4.1　相对定位

相对定位在CSS中的写法是position:relative；意思是以父级对象（它所在的容器）的坐标原点为基准点进行定位；若无父级对象，则以body的坐标原点为基准点，配合top、right、bottom、left（上、右、下、左）的值来定位元素。当父级对象内有padding等CSS属性时，当前元素的定位将参照父级内容区的坐标原点进行定位。

如果对一个元素进行相对定位，可以在它所在的位置上通过设置垂直或水平位置让这个元素相对于起点进行移动。如果将top设置为40像素，那么元素将出现在原位置顶部下方40像素的位置处；如果将left设置为40像素，那么会在元素左侧留出40像素的空间，也就是将元素向右移动。例如如下代码。

```
#main {
height:150px;
width: 150px;
background-color:#FF0;
float: left;
position: relative;
left:40px;
top:40px;
}
```

以上代码的预览效果如图11-16所示。

在使用相对定位时，无论是否进行移动，元素仍然占据原来的空间，因此移动元素可能会导致它覆盖其他元素。

11.4.2 绝对定位

绝对定位在CSS中的写法是position:absolute，意思是参照浏览器的左上角，且配合top、right、bottom、left（上、右、下、左）的值来定位元素。

绝对定位可以使对象的位置与页面中的其他元素无关。使用了绝对定位之后，对象会浮在网页的上面。例如如下代码。

```
#main {
height: 150px;
width:150px;
background-color:#FF0;
float: left;
position:absolute;
left:40px;
top:40px;
}
```

以上代码的预览效果如图11-17所示。

图11-16

图11-17

绝对定位可以使元素相对于其包含块在上、下、左、右方向上移动，这提供了很大的灵活性，可以直接将元素定位在页面上的任何位置。

11.4.3 浮动定位

浮动定位在CSS中用float属性来表示。当float的属性值为none时，表示对象不浮动；为left时，表示对象向左浮动；为right时，表示对象向右浮动。float属性的可选参数及其说明如表11-4所示。

表11-4　float属性的可选参数及其说明

属性	说明	值	说明
float	用于设置对象是否浮动显示和具体的浮动方式	inherit	继承父级元素的浮动属性
		left	元素会向其父元素的左侧移动
		none	默认值
		right	元素会向其父元素的右侧移动

下面介绍浮动的几种形式。

普通文档流（也就是页面元素按照正常布局顺序显示）的CSS样式如下。

```
#box {
width:650px;
font-size:20px;
}
#left {
background-color:#F00;
height:150px;
width:150px;
margin:10px;
color:#FFF;
}

#main {
background-color:#ff0;
height:150px;
width:150px;
margin:10px;
color:#000;
}

#right {
background-color:#00F;
height:150px;
width:150px;
margin:10px;
color:#000;
}
```

以上代码的预览效果如图11-18所示。

在图11-18中，如果把left块向右浮动，它会脱离文档流并向右移动，直到它的边缘碰到box框的右边缘，其CSS代码如下。

```
#left {
Background-color:#F00;
Height:150px;
width:150px;
margin:10px;
color:#FFF;
float:right;
}
```

以上代码的预览效果如图11-19所示。

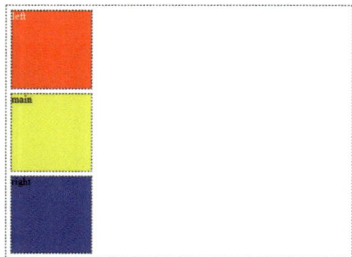

图11-18

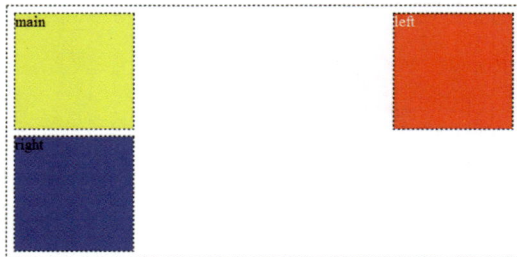

图11-19

在图11-19中，当把left块向左浮动时，它会脱离文档流并向左移动，直到它的边缘碰到box框的左边缘。因为它不再处于文档流中，所以它不占据空间，但实际上覆盖住了main块，使main块从左视图中消失。其CSS代码如下。

```
#left {
height: 150px;
width: 150px;
margin: 10px;
background-color:#F00;
color:#FFF;
float: left;
}
```

以上代码的预览效果如图11-20所示。

如果让3个块都向左浮动，那么left块会向左浮动，直到碰到box框的左边缘；另外两个块也会向左浮动，直到碰到前一个块的右边缘，其CSS代码如下。

```
#box {
width:650px;
font-size: 20 px;
height: 170px;
}
#left {
background-color:#fff;
height:150px;
width:150px;
margin:10px;
background-color: #F00;
color:#FFF;
float: left;
}
#main {
Background-color:#FFF;
height: 150px;
width: 150px;
margin: 10px;
```

```
background-color:#FF0;
float: left;
}
#right {
    background-color:#FFF;
height:150px;
width:150px;
margin:10px;
background-color:#00F;
color:#FFF;
float:left;
}
```

以上代码的预览效果如图11-21所示。

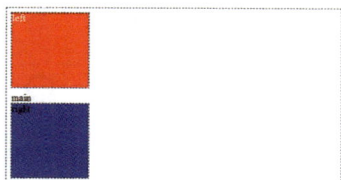

图11-20

图11-21

如果box框太窄，无法容纳水平排列的3个浮动块，那么其他浮动块会向下移动，直到有足够空间的地方。其代码如下。

```
#box {
width:400px;
font-size:20px;
height:340px;
}
```

以上代码的预览效果如图11-22所示。

如果浮动块的高度不同，那么当它们向下移动时，可能会被其他浮动元素卡住，代码如下。

```
#left {
background-color:#f00;
height:200px;
width: 150px;
margin:10px;
background-color: # F00;
color:#FFF;
float:left;
}
```

以上代码的预览效果如图11-23所示。

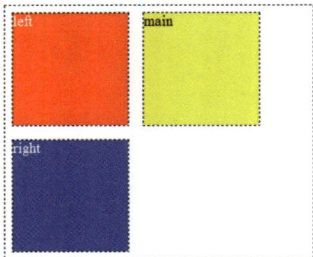

图11-22

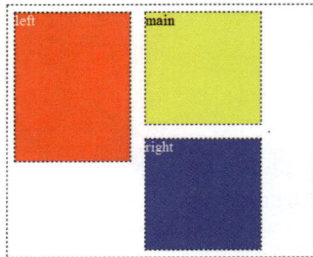

图11-23

11.5 Div+CSS布局理念

CSS布局是一种新颖的布局理念，首先用<div>标签将页面整体划分为若干个板块，然后对各个板块进行CSS定位，最后在各个板块中添加相应的内容。

11.5.1 使用Div对页面进行分块

在利用CSS布局页面时，首先要有一个整体的规划，包括对页面进行模块划分，明确各个模块之间的父子关系等。以最简单的框架为例，其页面由banner（横幅）、主体内容（content）、菜单导航（links）和页脚（footer）等几个部分组成，各个部分分别用自己的id来标识，如图11-24所示。

11.5.2 设计各块的位置

页面的内容确定后，需要根据内容本身考虑整体的页面布局类型。页面布局类型分为单栏、双栏和三栏3种。若页面内容简洁明了，主题单一，那么单栏布局将是首选。单栏布局的阅读路径垂直清晰，适合博客文章、产品介绍等场景。若页面内容丰富多彩，涵盖多个主题或需要展示大量信息时，双栏或三栏布局则显得尤为合适。双栏布局（见图11-25）常用于新闻网站、杂志页面，一侧展示主要内容，另一侧则放置相关链接、广告或侧边栏导航；三栏布局则进一步扩展了信息展示的空间，常用于复杂的门户网站或电商平台。

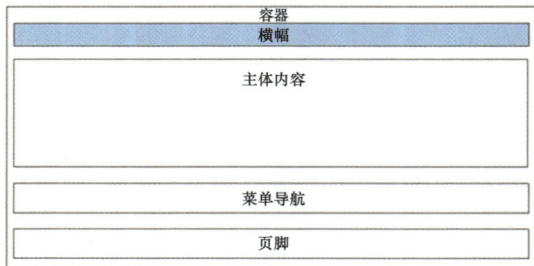

图11-24

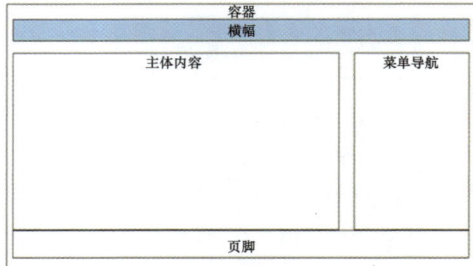

图11-25

11.5.3 用CSS进行定位

整理好页面的HTML框架后，接下来的关键步骤是利用CSS对各个板块进行精确定位，以实现页面的整体规划和美观布局，确保用户能够轻松找到所需信息。例如，可以通过CSS的盒模型属性来调整板块之间的间距和边框，使页面看起来更加整洁有序。

板块定位完成后，就可以开始向各个板块中添加实际内容，包括文本、图像、视频、按钮等，这些元素应与页面的整体风格和主题保持一致。在添加内容时，务必注意信息的层次结构和可读性，确保用户能够轻松理解页面上的所有信息。

11.6　常用的布局方式

下面介绍常用的Div+CSS布局方式。

11.6.1　居中布局方式

在网页布局中，居中布局方式的使用非常广泛。如何在CSS中让元素居中显示是大多数开发人员首先要掌握的重点技能之一。居中布局设计主要有两种基本方法。

1. 使用自动边距让元素居中

假设希望一个容器<div>在屏幕上水平居中，代码如下。

```
<body>
<div id="box"></div>
</body>
```

只需定义<div>的宽度，然后将水平边距设置为auto，代码如下。

```
#box {
Width:800px;
Height:500px;
background-color:#F36;
margin:0 auto;
}
```

以上代码的预览效果如图11-26所示。

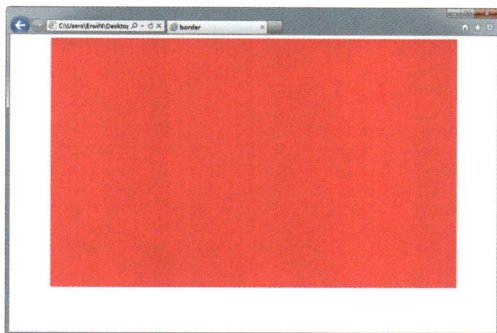

图11-26

2. 使用定位和负边距让元素居中

首先定义容器的宽度，然后将容器的position属性设置为relative，将left属性设置为50%，就可以把容器的左边缘定位在页面的中间，代码如下。

```
#box {
width:720px;
position:relative;
left:50%;
}
```

如果不希望让容器的左边缘居中，而是让容器的中心点居中，可以将容器的左外边距设置为负值，其绝对值等于容器宽度的一半，这样就会让容器向左移动其宽度的一半距离，从而让其在屏幕上居中显示，代码如下。

```
#box {
width:720px;
position:relative;
left:50%;
margin-left:-360px;
}
```

11.6.2 浮动布局方式

浮动布局方式也是主流布局设计中不可缺少的布局方式之一。利用float属性可以实现元素的并排定位。下面介绍几种常用的浮动布局方式。

1. 两列固定宽度布局

两列固定宽度布局非常简单，其代码如下。

```
<div id="left"> 左列 </div>
<div id="right"> 右列 </div>
```

接着为id名为left与right的<div>元素分别设置CSS样式，使它们水平并排显示，形成两列布局，其CSS代码如下。

```
#left {
width:400px;
height:300px;
background-color:#0CF;
border:2px solid #06F;
float:left;
}
#right {
width:400px;
height:300px;
background-color:#0CF;
border:2px solid #06F;
float:left;
}
```

通过使用float属性，实现了两列固定宽度的布局，其预览效果如图11-27所示。

2. 两列固定宽度居中布局

两列固定宽度居中布局可以通过嵌套div的方式来完成。用一个居中的div作为容器，将两列分栏的两个div放置在容器中，代码如下。

```
<div id="box">
<div id="left"> 左列 </div>
<div id="right"> 右列 </div>
 </div>
```

为分栏的两个div添加一个id名为box的容器，代码如下。

```
# box {
width:808px;
margin:0px auto;
 }
```

由于#box具有居中属性，所以里面的内容也会随之居中显示，这样就实现了两列的居中布局。预览效果如图11-28所示。

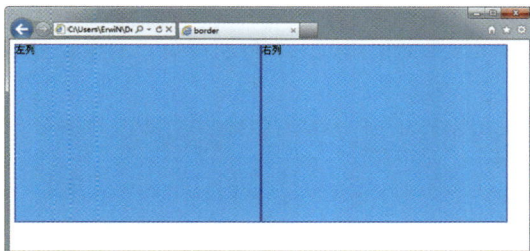

图11-27

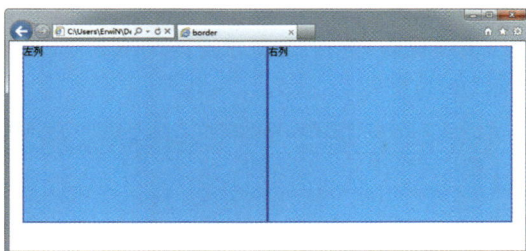

图11-28

该类型的页面布局无论作为主框架，还是用于内容分栏，都非常适用。

3. 两列宽度自适应布局

自适应布局主要通过设置宽度的百分比值来实现。因此，在构建两列宽度自适应布局时，通常会对这两列分别设置一个百分比宽度值，其CSS代码如下。

```
#left {
width:20%;
height:300px;
background-color:#0CF;
border:2px solid#06F;
float:left;
 }
#right {
width:70%;
height:300px;
background-color:#0CF;
border:2px solid#06F;
float:left;
 }
```

上述代码将左栏宽度设置为20%，右栏宽度设置为70%，预览效果如图11-29所示。

4．右列自适应宽度的两列布局

在实际应用中，有时候需要固定左栏的宽度，而右栏则根据浏览器窗口的大小自动适应。在CSS中，要实现这种布局，只需设置左栏的宽度，右栏不设置任何宽度值且不浮动，其CSS代码如下。

```
#left {
width:200px;
height:300px;
background-color:#0CF;
border:2px solid #06F;
float:left;
}
#right {
height:300px;
background-color:#0CF;
border:2px solid #06F;
}
```

上述代码将左栏宽度设置为200px，而右栏将根据浏览器窗口的大小自动调整，预览效果如图11-30所示。

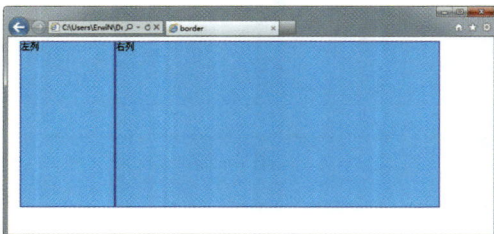

图11-29

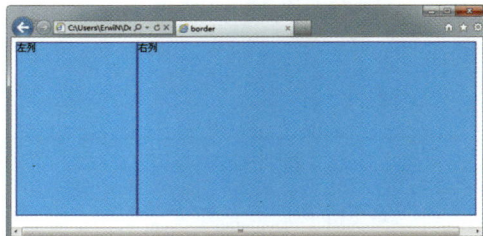

图11-30

5．三列浮动中间列宽度自适应布局

在三列浮动中间列宽度自适应布局中，左列固定宽度并居左显示，右列固定宽度并居右显示，中间列则需要在左列和右列的中间显示，并根据左右列的间距变化自动调整宽度。单纯使用float属性与百分比属性无法实现这种布局，因此需要使用绝对定位。使用绝对定位后的对象不需要再考虑它在页面中的浮动关系，只需要根据top、right、bottom及left 4个方向进行定位即可，其代码如下。

```
<div id="left"> 左列 </div>
<div id="main"> 中列 </div>
<div id="right"> 右列 </div>
```

首先使用绝对定位来控制左列与右列的位置布局，其CSS代码如下。

```
* {
   maigin:0px;
 padding:0px;
 border:0px;
}
```

```
#left {
width:200px;
height: 300px;
background-color:#0CF;
border:2px solid #06F;
position: absolute;
}
# right {
width:200px;
height:300px;
background-color:#0CF;
border:2px solid #06F;
position: absolute;
top:8px;
right:8px;
}
```

而中间列则用普通的CSS样式进行布局，代码如下。

```
#main {
height:300px;
background-color:#0CF;
border:2px solid #06F;
margin:0px 204px 0px 204px;
}
```

对于#main元素，不需要再设定浮动方式，只需要让它的左右边距始终等于左侧栏#left和右侧栏#right的宽度，即可实现自适应宽度，从而满足布局的要求。上述代码的预览效果如图11-31所示。

三列浮动中间列宽度自适应布局目前主要用于blog设计，大型网站已经较少使用这种布局方式。

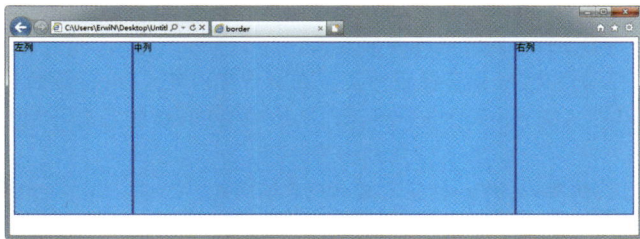

图11-31

11.7　练习案例

通过前面内容的学习，相信大家对使用Div+CSS进行网页布局已经有了一定的了解。下面通过两个练习案例，帮助读者达到举一反三、触类旁通的学习效果。

11.7.1 练习案例——使用Div布局织品网页

案例说明如表11-5所示。

表11-5 使用Div布局织品网页

实例位置	实例文件→CH10→使用Div布局织品网页→使用Div布局织品网页.html
素材位置	素材文件→CH11→zp1.gif-zp3.gif
视频名称	练习案例：使用Div布局织品网页.mp4
技术掌握	学习使用Div进行网页布局的方法

操作步骤如下。

① 在Dreamweaver CC中新建一个网页文件；将光标置于页面中，执行"插入→Div"菜单命令，打开"插入Div"对话框，在ID文本框中输入top，如图11-32所示。

微课视频

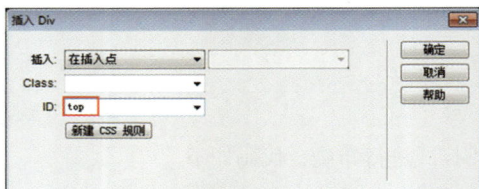

图11-32

提示

在"插入Div"对话框中，通过"插入"下拉列表，可以指定Div标签的插入位置，共包括5个选项。

· 在插入点：将Div插入到光标当前所在的位置。
· 在标签之前：将Div插入到所选标签的前面。
· 在开始标签之后：将Div插入到所选标签的开始标签之后。
· 在结束标签之前：将Div插入到所选标签的结束标签之前。
· 在标签之后：将Div插入到所选标签的后面。

"类"下拉列表可以定义Div标签使用的类，在类中可以定义Div标签的样式。

ID下拉列表可以定义Div标签的唯一标识，既方便为Div标签定义行为，也允许在ID 中定义CSS样式。

单击 新建 CSS 规则 按钮可以为Div标签定义新的CSS样式。

② 设置完成后，单击 确定 按钮，即可在页面中插入名称为top的Div，页面效果如图11-33所示。

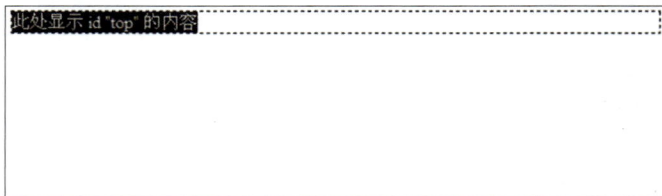

此处显示 id "top" 的内容

图11-33

③ 将光标移至名为top的Div中，删除多余的文本内容；执行"插入→图像→图像"菜单命令，

在Div中插入一幅图像，如图11-34所示。

图11-34

④ 执行"插入→Div"菜单命令，打开"插入Div"对话框；在"插入"下拉列表中选择"在标签之后"选项，在右侧的下拉列表中选择〈div id="top"〉选项，在ID下拉列表中输入main，如图11-35所示。

⑤ 设置完成后，单击 **确定** 按钮，即可在页面中插入名称为main的Div，页面效果如图11-36所示。

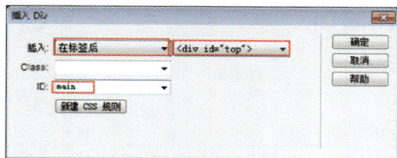
图11-35

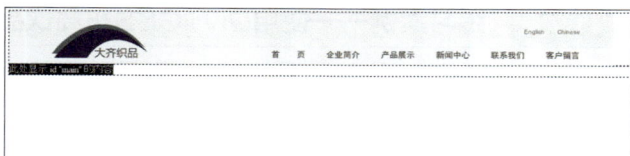
图11-36

⑥ 将光标移至名为main的Div中，将多余的文本内容删除；执行"插入→图像→图像"菜单命令，在Div中插入一幅图像，如图11-37所示。

⑦ 执行"插入→Div"菜单命令，打开"插入Div"对话框；在"插入"下拉列表中选择"在标签之后"选项，在右侧的下拉列表中选择〈div id="main"〉选项，在ID下拉列表中输入footer，如图11-38所示。

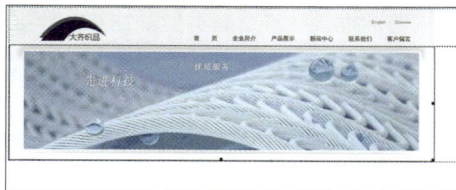
图11-37

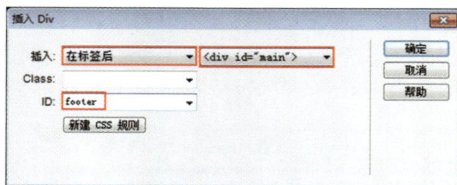
图11-38

⑧ 设置完成后，单击 **确定** 按钮，即可在页面中插入名称为footer的Div，页面效果如图11-39所示。

⑨ 将光标移至名为footer的Div中，将多余的文本内容删除；执行"插入→图像→图像"菜单命令，在名为footer的Div中插入一幅图像，如图11-40所示。

图11-39

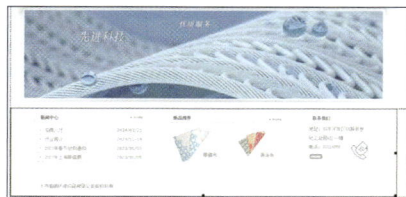
图11-40

⑩ 执行"修改→页面属性"菜单命令，打开"页面属性"对话框，在"上边距"和"下边距"文本框中都输入0；完成后单击 确定 按钮，如图11-41所示。

⑪ 执行"文件→保存"菜单命令保存网页，完成后按F12键预览，效果如图11-42所示。

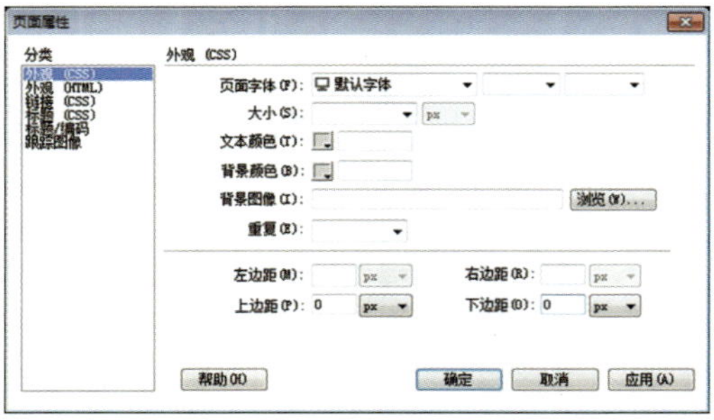

图11-41

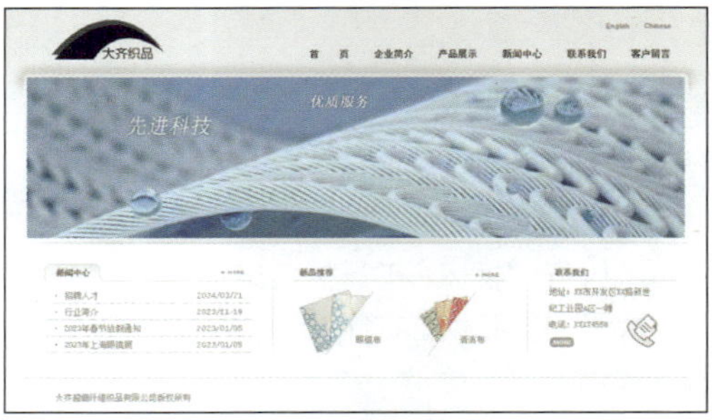

图11-42

11.7.2　练习案例——使用Div+CSS布局饮品公司网页　🔍

案例说明如表11-6所示。

表11-6　使用Div+CSS布局饮品公司网页

实例位置	实例文件→CH11→使用Div+CSS布局饮品公司网页→使用Div+CSS布局饮品公司网页index.html
素材位置	素材文件→CH11→b1.jpg、yp1.jpg
视频名称	练习案例：使用Div+CSS布局饮品公司网页.mp4
技术掌握	学习使用Div+CSS进行网页布局的方法

操作步骤如下。

① 在Dreamweaver CC中新建一个网页文件，然后执行"文件→保存"菜单命令，将文件保存为index.html，如图11-43所示。

② 执行"文件→新建"菜单命令，打开"新建文档"对话框，在"页面类型"栏中选择CSS选项，然后单击 创建(R) 按钮，如图11-44所示。将所创建的CSS文件保存为css.css，然后按照同样的方法再创建一个div.css文件。

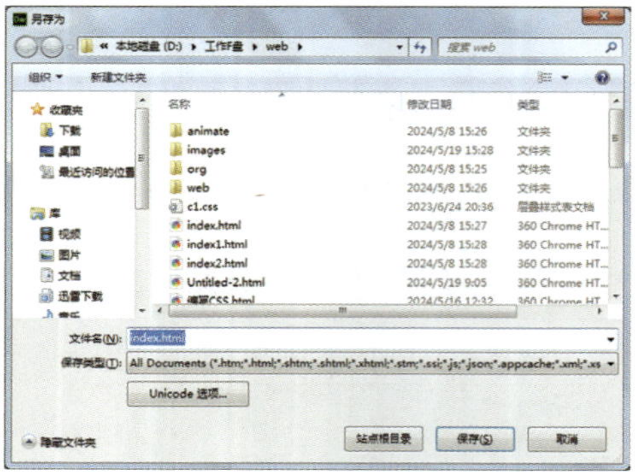

微课视频

图11-43

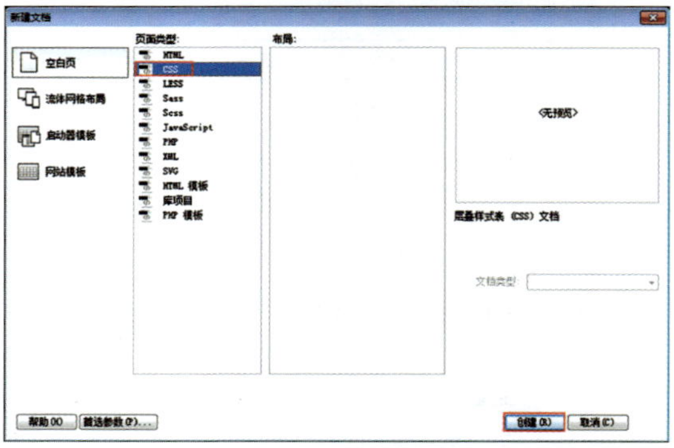

图11-44

③ 执行"窗口→CSS设计器"菜单命令，打开"CSS设计器"面板；单击添加CSS源按钮➕，在弹出的快捷菜单中选择"附加现有的CSS文件"命令，如图11-45所示。

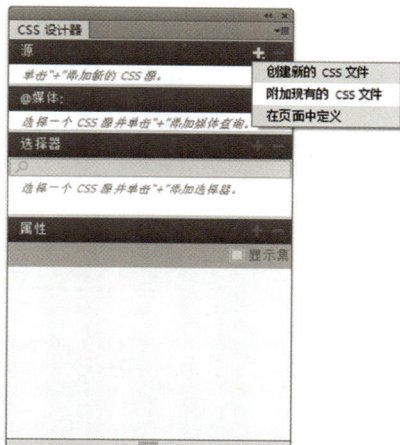

图11-45

④ 打开"使用现有的CSS文件"对话框，将刚刚新建的外部样式表文件div.css和css.css文件链接到页面中，如图11-46所示。

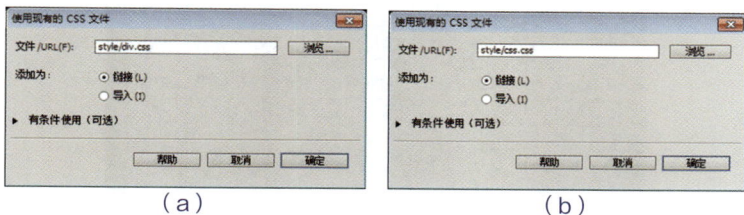

（a）　　　　　　　　　　　　　　（b）

图11-46

⑤ 切换到css.css文件，创建一个适用于所有元素的通配符（*）CSS规则，代码如下。

```
*{
    margin:0px;
    border:0px;
    padding:0px;
}
```

该CSS规则在css.css文件中的显示效果如图11-47所示。
⑥ 用同样的方法为body标签创建一个CSS规则，代码如下。

```
body{
    background-image:url(/images/b1.jpg);
    background-repeat:repeat-x;
    background-position:0px 541px;
    background-color:#161616;
    font-family:" 宋体 ";
    font-size:12px;
    color:#fff;
}
```

该CSS规则在css.css文件中的显示效果如图11-48所示。

图11-47

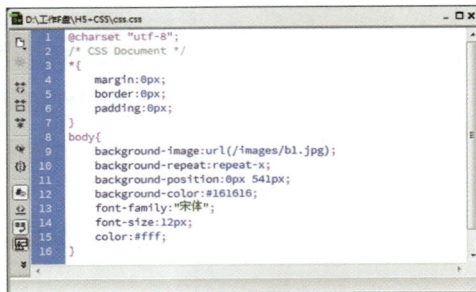

图11-48

⑦ 切换到index.html的"设计"视图，可以看到刚刚对css.css文件的设置已经对网页产生了效果，如图11-49所示。

⑧ 将光标置于图11-49所示页面中，执行"插入→Div"菜单命令，打开"插入Div"对话框，在ID下拉列表框中输入box，如图11-50所示。

图11-49

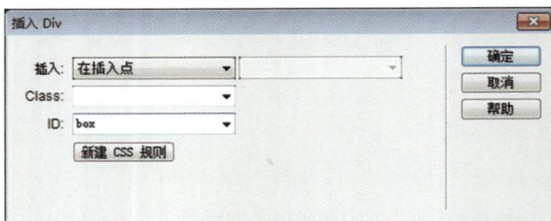

图11-50

⑨ 设置完成后，单击 确定 按钮，即可在页面中插入名称为box的Div，页面效果如图11-51所示。

图11-51

⑩ 切换到div.css文件，创建一个名为#box的CSS规则，代码如下。

```
#box {
    width:100%;
    height:1427px;
    background-image:url(/images/yp1.jpg);
    background-repeat:no-repeat;
    background-position:center top;
}
```

该规则在div.css文件中的显示效果如图11-52所示。返回"设计"视图，页面效果如图11-53所示。

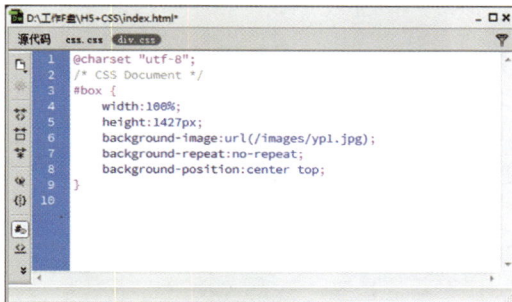

图11-52

图11-53

⑪ 执行"文件→保存"菜单命令保存页面，按F12键预览网页，效果如图11-54所示。

图11-54

第12章

综合案例——制作餐饮美食网站

本章导读

本章向读者简单介绍了餐饮美食网站的制作方法。完成本案例的制作后，读者需要掌握这类网站的设计技巧，包括页面的整体布局、图像与文字的运用以及色彩的搭配等。

本章学习任务

· 创建站点
· 创建CSS文件
· 制作头部内容
· 制作主体内容
· 制作底部内容

12.1　设计分析

在餐饮类网站的设计中，图像是特别重要的，不仅要与网站的整体风格相匹配，还要能激发浏览者的食欲。这类网站的色调搭配往往独具特色，主要根据网站的主题进行设计。其中，橙色、红色、黄色、绿色等颜色易使人联想到新鲜食材而被大量使用。

本案例制作了一个餐饮美食网站，其页面主要以美食为介绍对象。网站使用浅色作为背景底色，使用白色来表现主题，再配以绿色与橙色的点缀，给浏览者带来健康、清新的视觉感受。页面布局也相对简单，采用传统的上中下布局方式，效果如图12-1所示。

操作步骤如下。

① 插入名为top的Div，在此Div内制作网站的头部内容。

② 在名为top的Div后插入一个名为main的Div，作为组成页面的主要内容。该Div分为left和right两个部分。

③ 在名为main的Div后插入名为bottom的Div，制作网站底部内容。

案例说明如表12-1所示。

表12-1　制作餐饮美食网站

实例位置	实例文件→CH12→制作餐饮美食网站→制作餐饮美食网站index.html
素材位置	素材文件→CH12
视频名称	操作练习：制作餐饮美食网站.mp4
技术掌握	综合使用网站制作技术

12.2　创建站点

在制作网站之前，我们首先要创建一个站点，用来存放站点中的图像、媒体对象等。操作步骤如下。

微课视频

① 在硬盘上创建一个新文件夹（作为本地根文件夹），用来存放相关文档。例如，在计算机中创建一个名为"餐饮美食网站"的文件夹，在"餐饮美食网站"文件夹里再创建一个名为images的文件夹和一个名为style的文件夹，分别用来存放网站中用到的图像文件和CSS文件，如图12-2所示。

图12-1

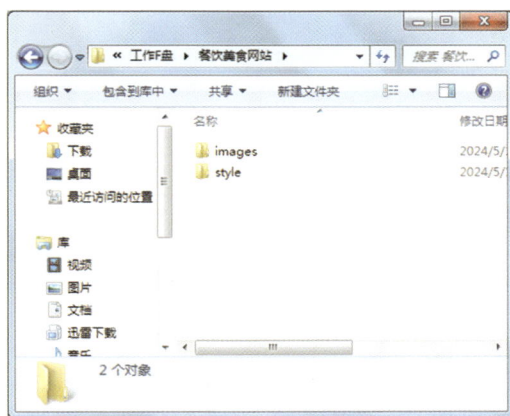

图12-2

② 启动Dreamweaver CC，执行"站点→新建站点"命令，打开"站点设置对象"对话框，在"站点名称"文本框中输入"餐饮美食"，在"本地站点文件夹"文本框中输入刚才创建好的餐饮美食网站文件夹的路径，如图12-3所示。也可以单击后面的文件夹图标 📁，浏览选择对应的路径。

③ 单击 保存 按钮，完成本地站点的建立。这时，在"文件"面板的下拉列表中将出现已建立好的站点列表，如图12-4所示。

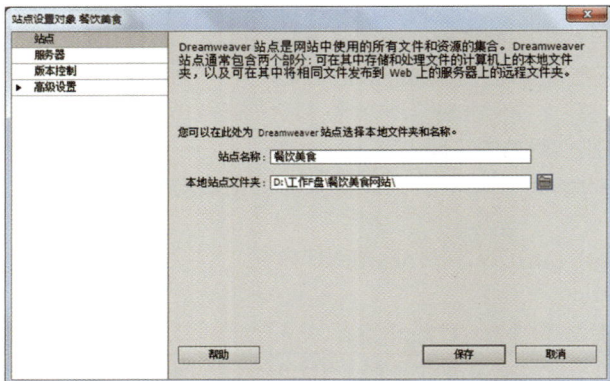

图12-3

图12-4

12.3 创建CSS文件

下面创建本案例所需的CSS文件，然后链接到网站中。具体操作步骤如下。

① 在Dreamweaver CC中新建一个网站文件，然后执行"文件→保存"菜单命令，将文件保存为index.html，如图12-5所示。

② 执行"文件→新建"菜单命令，打开"新建文档"对话框，在"页面类型"栏中选择CSS选项，然后单击 创建(R) 按钮，如图12-6所示。将所创建的CSS文件保存为css.css，接着按照同样的方法再创建一个div.css文件。

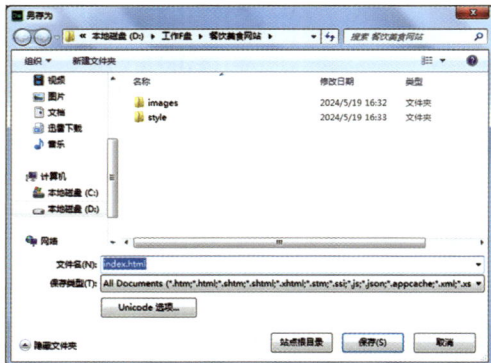

图12-5

图12-6

③ 执行"窗口→CSS设计器"菜单命令，打开"CSS设计器"面板；单击添加CSS源按钮 ➕，在弹出的快捷菜单中选择"附加现有的CSS文件"命令，如图12-7所示。

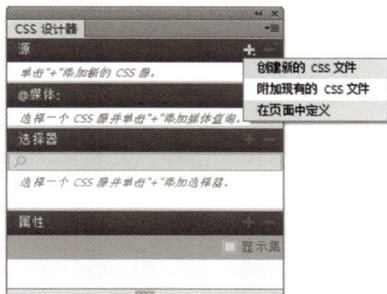

图12-7

④ 打开"使用现有的CSS文件"对话框，将刚刚新建的外部样式表文件div.css和css.css文件链接到页面中，如图12-8所示。

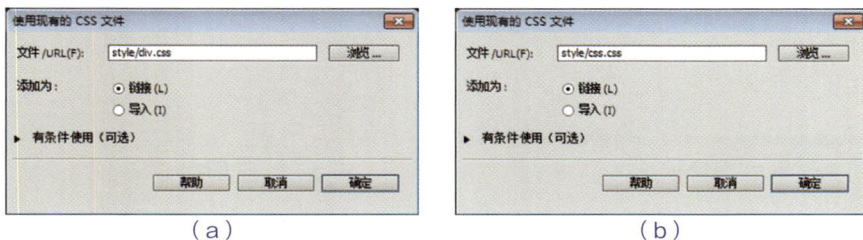

（a）　　　　　　　　　　　（b）

图12-8

12.4　制作头部内容

下面通过创建CSS规则与插入Div来制作网站的头部内容，具体操作步骤如下。

① 切换到css.css脚本文件，创建一个适用于所有元素的通配符（*）CSS规则，代码如下。

```
*{
margin:0px;
border:0px;
padding:0px;
}
```

微课视频

② 用同样的方法为body标签创建CSS规则，代码如下。

```
body{
font-family:"宋体";
font-size:12px;
color:#666;
background-image:url(../images/ds.gif);
background-repeat:repeat-x;
}
```

页面效果如图12-9所示。

③ 在页面中插入名为box的Div，然后切换到div.css文件，创建一个名为#box的CSS规则，代码如下所示。

```
#box {
width:850px;
height:880px;
margin:auto;
}
```

返回设计页面，页面效果如图12-10所示。

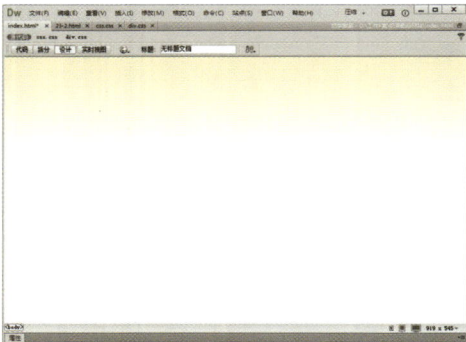

图12-9

图12-10

④ 在名为box的Div中插入名为top的Div；将页面切换到div.css文件，创建一个名为#top的CSS规则，代码如下。

```
#top {
width:850px;
height:93px;
background-image:url(../images/dh1.gif);
background-repeat:no-repeat;
background-position: center bottom;
}
```

返回设计页面，页面效果如图12-11所示。

⑤ 执行"插入→图像→图像"命令，插入一幅图像（源文件与素材/素材文件/第12章/db1.gif），如图12-12所示。

图12-11

图12-12

将页面切换到css.css文件，创建一个名为.img的CSS规则，代码如下。

```
.img {
float:left;
margin:26px 63px 0px 33px;
}
```

返回设计页面，选择刚刚插入的图像，在"属性"面板上的"class"属性中选择并应用刚刚创建的.img类样式，页面效果如图12-13所示。

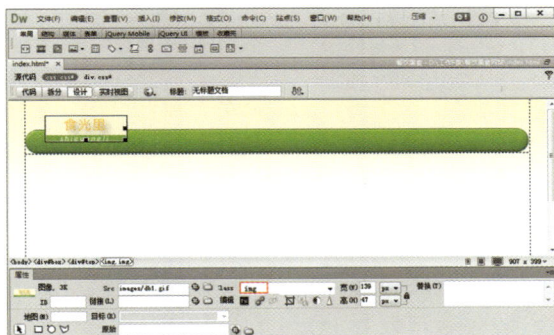

图12-13

⑥ 在名为top的Div中插入名为top01的Div；将页面切换到div.css文件，创建一个名为#top01
的 CSS规则，代码如下。

```
#top01 {
    width:552px;
height:31px;
float:right;
padding:20px 63px 0px 0px;
text-align:right;
}
```

⑦ 在名为top01的Div中插入小图标图像（源文件与素材/素材文件/第12章/ tb.gif），并输入
相应的文字内容，如图12-14所示。

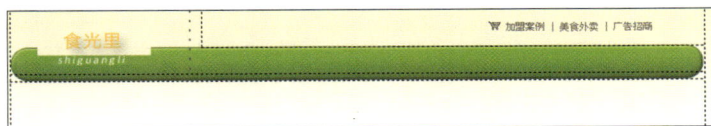

图12-14

⑧ 在名为top01的Div后插入名为top02的Div；将页面切换到div.css文件，创建一个名为
#top02的 CSS规则，代码如下。

```
#top02 {
    width:615px;
height:42px;
float:right;
}
```

⑨ 在名为top02的Div中插入相应的图像（源文件与素材/素材文件/第12章/ menu01.gif-
menu07.gif），如图12-15所示。选中插入的所有图像，单击"属性"面板上的"项目列表"按钮 📧，
为选中的图像创建项目列表；切换到"代码"视图，可以看到相应的列表代码，如图12-16所示。

图12-15

```
<ul>
  <li><img src="images/menu01.gif" width="55" height="15" /></li>
  <li><img src="images/menu02.gif" width="55" height="16" /></li>
  <li><img src="images/menu03.gif" width="54" height="15" /></li>
  <li><img src="images/menu04.gif" width="55" height="15" /></li>
  <li><img src="images/menu05.gif" width="54" height="15" /></li>
  <li><img src="images/menu06.gif" width="55" height="15" /></li>
  <li><img src="images/menu07.gif" width="55" height="15" /></li>
</ul>
```

图12-16

⑩ 将页面切换到div.css文件，创建一个名为#top02 li的CSS规则，代码如下。

```
#top02 li {
width:85px;
height:15px;
float:left;
list-style-type:none;
margin-top:13px;
border-left:#aac858 solid 1px;
border-right:#5b7a0a solid 1px;
text-align:center;
}
```

返回设计页面，页面效果如图12-17所示。
⑪ 切换到"代码"视图，添加相应的样式代码，如图12-18所示。

图12-17

图12-18

提示

此处添加的代码是为了清除第一个li元素中的左边框和最后一个li元素中的右边框。

12.5 制作主体内容

下面通过插入Div与创建CSS规则来制作网站的主体内容，具体操作步骤如下。
① 在名为top的Div后插入一个名为main的Div；将页面切换到div.css文件，创建一个名为#main的CSS规则，代码如下。

```
#main {
width:850px;
height:690px;
background-image:url(../images/mb1.jpg);
background-repeat:no-repeat;
margin-top:14px;
}
```

微课视频

返回设计页面，页面效果如图12-19所示。
② 在名为main的Div中插入名为left的Div；将页面切换到div.css文件，创建一个名为#left的CSS规则，代码如下。

```
#left {
```

```
width:180px;
height:690px;
float:left;
}
```

返回设计页面，页面效果如图12-20所示。

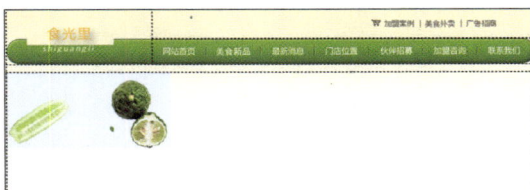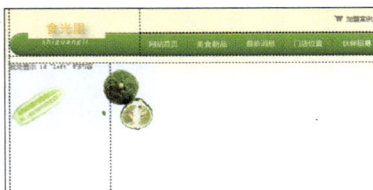

图12-19　　　　　　　　　　　　图12-20

③ 在名为left的Div中插入名为login的Div；将页面切换到div.css文件，创建一个名为#login的CSS规则，代码如下。

```
#login {
width:157px;
height:101px;
padding:24px 0px 0px 23px;
}
```

返回设计页面，页面效果如图12-21所示。

图12-21

④ 执行"插入→表单→表单"命令，在该Div中插入表单，如图12-22所示。将光标移至红色虚线的表单区域内，使用"插入→表单→文本"命令插入一个文本字段，并将其ID设置为name，如图12-23所示。

⑤ 按Enter键，插入另一个文本字段，设置其ID为pass，如图12-24所示。

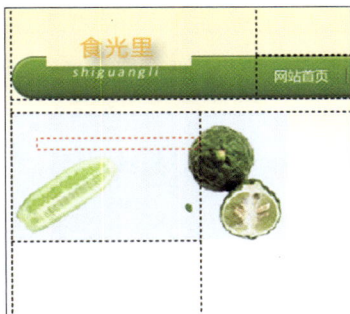

图12-22　　　　　　　　　图12-23　　　　　　　　　图12-24

⑥ 将页面切换到div.css文件，创建一个名为#name,#pass的CSS规则，代码如下。

```
#name,#pass {
width:90px;
height:18px;
margin-top:5px;
background-image:url(../images/text.gif);
background-repeat:no-repeat;
border:none;
padding-left:9px;
}
```

返回设计页面，页面效果如图12-25所示。

⑦ 将光标移至pass文本字段的右侧，执行"插入→表单→图像按钮"命令，将一幅图像插入到页面中（源文件与素材/素材文件/第12章/dl.gif），将其ID设置为button，如图12-26所示。

⑧ 将页面切换到div.css文件，创建一个名为#button的CSS规则，代码如下。

```
#button {
margin:2px 12px 0px 3px;
float:right;
}
```

返回设计页面，页面效果如图12-27所示。

图12-25

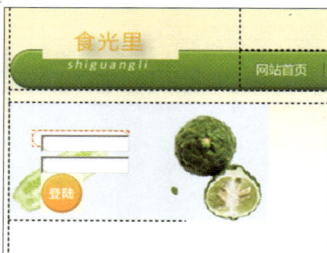
图12-26

图12-27

⑨ 切换到"代码"视图，将光标移动到form标签后，显示效果如图12-28所示。

```html
<div id="login">
  <form id="form1" name="form1" method="post" action="">
    <label for="name"></label>
    <input type="image" name="button" id="button" src="images/button.gif" />
    <input type="text" name="name" id="name" />
  <label for="pass"></label>
    <input type="password" name="pass" id="pass" />
  </form>
</div>
```

图12-28

⑩ 插入两幅图像（源文件与素材/素材文件/第12章/zc1.gif、mima.gif）；将页面切换到div.css文件，创建一个名为#login img的CSS规则，代码如下。

```
#login img{
margin:12px 15px 0px 0px;
}
```

返回设计页面，页面效果如图12-29所示。

⑪ 在名为login的Div后插入一幅图像（源文件与素材/素材文件/第12章/p1.gif），如图12-30所示。

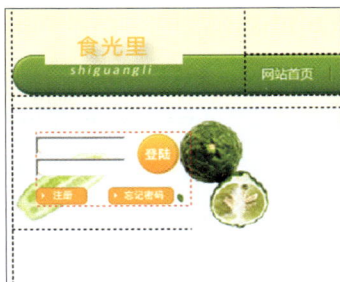

图12-29

图12-30

⑫ 再插入名为sc的Div；根据名为login的Div的制作方法，制作该Div中的内容，其代码如下。

```
#sc {
width:140px;
height:27px;
margin-top:10px;
background-image:url(../images/sc_bg.gif);
background-repeat:no-repeat;
padding:9px 0px 0px 40px;
}
#text {
width:80px;
height:16px;
float:left;
margin-top:1px;
}
#button01 {
float:left;
margin-left:10px;
}
```

页面效果如图12-31所示。

⑬ 在名为sc的Div后插入名为left01的Div；将页面切换到div.css文件，分别创建名为#left01和#left01 img的CSS规则，代码如下。

```
#left01 {
width:180px;
height:353px;
text-align:center;
padding-top:5px;
}
#left01 img {
margin:5px 0px 5px 0px;
}
```

返回设计页面，将相应的图像（源文件与素材/素材文件/第12章/01.gif.gif）插入到该Div中，页面效果如图12-32所示。

图12-31

图12-32

⑭ 在名为left的Div中插入名为right的Div；将页面切换到div.css文件，创建一个名为# right的CSS规则，代码如下。

```
#right {
width:670px;
height:690px;
float:left;
}
```

返回设计页面，页面效果如图12-33所示。

⑮ 将光标移至名为right的Div中，插入一幅图像（源文件与素材/素材文件/第12章/ship.jpg），效果如图12-34所示。

图12-33

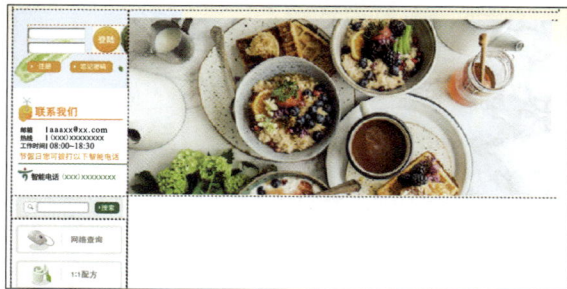

图12-34

⑯ 将光标移至刚刚插入的图像后，插入名为right01的Div，将页面切换到div.css文件，创建一个名为#right01的CSS规则，代码如下。

```
#right01 {
width:560px;
```

```
height:184px;
margin:auto;
}
```

返回设计页面，页面效果如图12-35所示。

⑰ 在该Div中插入图像（源文件与素材/素材文件/第12章/za.gif）；切换到css.css文件，创建一个名为.img01的CSS规则，代码如下：

```
.img01 {
margin:10px 0px 10px 0px;
}
```

返回设计页面，选择刚插入的图像，在"属性"面板上应用刚刚创建的类样式，效果如图12-36所示。

图12-35

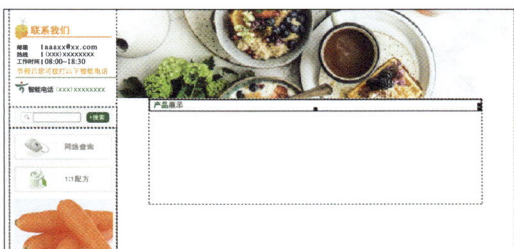

图12-36

⑱ 将光标移至插入的图像后，插入名为zs.01的Div；将页面切换到div.css文件，创建名称为#zs01的CSS规则，代码如下：

```
#zs01 {
width:142px;
height:128px;
float:left;
margin-right:10px;
background-image:url(../images/zs_bg01.gif);
background-repeat:repeat-x;
text-align:center;
border:#dadada solid 1px;
}
```

⑲ 将光标移至名为zs01的Div中，插入相应的图像（源文件与素材/素材文件/第12章/ship2.jpg），如图12-37所示。

图12-37

12.6 制作底部内容

下面通过插入Div与创建CSS规则来制作网站的底部内容，具体操作步骤如下。

① 在名为main的Div后插入名为bottom的Div，并使用相同的方法制作该Div中的内容，代码如下：

```
#bottom {
width:785px;
height:54px;
line-height:20px;
background-repeat:no-repeat;
    padding:15px 0px 0px 65px;
margin-top:10px;
  }
```

微课视频

页面效果如图12-38所示。

图12-38

② 保存文件，在浏览器中预览，效果如图12-39所示。

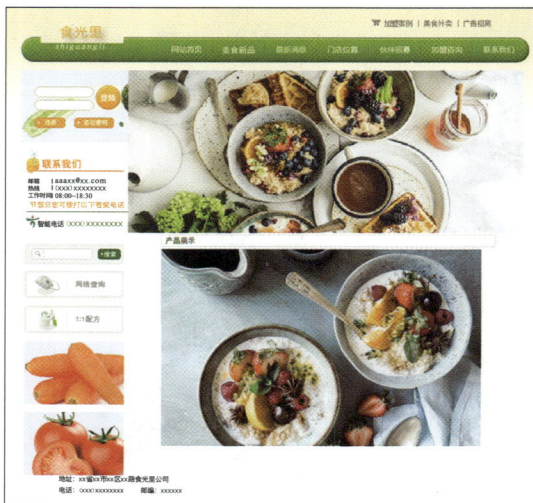

图12-39